普通高等教育数据科学与大数据技术专业教材

Java 编程基础

主　编　张焕生　崔炳德

副主编　孙晓磊　李亚娟　崔凌云　王建文

中国水利水电出版社
www.waterpub.com.cn
·北京·

内 容 提 要

　　本书基于编者多年程序设计语言教学的经验，结合软件开发工程实践，精选典型实用的案例，分析详尽完整，讲解通俗易懂，充分体现"以例促学、以例带学"的任务驱动理念，帮助初学者掌握 Java 语言的精髓，轻松学会运用面向对象的编程思想解决实际问题。全书辅以适当的项目拓展、延伸阅读和微课视频，使教学内容与工程实践有效结合。

　　本书内容深入浅出，涵盖 Java 语言的基本语法、面向对象的特征、实用类库、异常处理、IO 体系、集合框架、泛型、反射、图形用户界面设计、MySQL 数据库与 JDBC 编程等，可作为应用型本科院校数据科学与大数据技术相关专业的教材，也可作为想要从事大数据领域、Java 程序开发领域工作人员及 Java 编程爱好者的参考书。

　　本书提供完整的电子课件、源代码等丰富的配套教学资源，读者可以从中国水利水电出版社网站（www.waterpub.com.cn）或万水书苑网站（www.wsbookshow.com）免费下载。

图书在版编目（ＣＩＰ）数据

　Java编程基础 / 张焕生，崔炳德主编. -- 北京 :
中国水利水电出版社，2020.8
　普通高等教育数据科学与大数据技术专业教材
　ISBN 978-7-5170-8685-7

　Ⅰ. ①J… Ⅱ. ①张… ②崔… Ⅲ. ①JAVA语言－程序
设计－高等学校－教材 Ⅳ. ①TP312.8

　中国版本图书馆CIP数据核字(2020)第122774号

策划编辑：石永峰　责任编辑：石永峰　加工编辑：孙学南　封面设计：梁　燕

书　　名	普通高等教育数据科学与大数据技术专业教材 Java 编程基础 Java BIANCHENG JICHU
作　　者	主　编　张焕生　崔炳德 副主编　孙晓磊　李亚娟　崔凌云　王建文
出版发行	中国水利水电出版社 （北京市海淀区玉渊潭南路 1 号 D 座　100038） 网址：www.waterpub.com.cn E-mail：mchannel@263.net（万水） 　　　　 sales@waterpub.com.cn 电话：（010）68367658（营销中心）、82562819（万水）
经　　售	全国各地新华书店和相关出版物销售网点
排　　版	北京万水电子信息有限公司
印　　刷	三河市铭浩彩色印装有限公司
规　　格	210mm×285mm　16 开本　15 印张　368 千字
版　　次	2020 年 8 月第 1 版　2020 年 8 月第 1 次印刷
印　　数	0001—3000 册
定　　价	39.00 元

凡购买我社图书，如有缺页、倒页、脱页的，本社营销中心负责调换

版权所有·侵权必究

前　言

　　Java 是目前主流的、极富创造力的一种面向对象程序设计语言，具有跨平台、高安全、高性能等特点，加之其本身所具有的自动垃圾回收、异常处理、并行计算等高级特性，为各级 Java 应用提供了完善的保障机制。应用是考验一门语言生存力的标准，Java 语言的应用已经融入到人们生活的方方面面。从桌面到网络应用、从小型移动设备的开发到大型复杂的企业级应用，随处可见 Java 活跃的身影。更值得一提的是 Java 为大数据技术提供了相当大的支撑，大数据平台 Hadoop、分布式数据库 HBase 等其他大数据相关技术大都是用 Java 语言实现的。可见学习 Java 语言对计算机类特别是数据科学与大数据技术专业的学生来说尤为重要。

　　本书以培养数据科学与大数据技术专业等计算机类应用型人才为目标，围绕应用型工程实践案例开展基础知识点的讲解。全书脉络清晰，各章知识点详尽完整，章与章之间内容相对独立，却又连贯始终。本书每章精选典型实用的案例，分析透彻，讲解通俗易懂，充分体现"以例促学、以例带学"的任务驱动理念。本书章节难度呈阶梯式递增，内容由浅入深，全面渗透面向对象程序设计方法，再配以适当的项目拓展、延伸阅读和难点讲解视频，使教学内容与工程实践有效结合。本书还配有完整的实践指导教材《Java 编程基础实践指导》，为读者提供更加丰富的工程实践项目，帮助读者巩固知识点、查漏补缺，培养编程思维，积累实践经验，快速掌握 Java 语言精髓，轻松学会运用面向对象编程思想解决实际问题，为以后学习 Java 高阶开发打下坚实基础。

　　本书编者（一线教师，常年参与项目研发，实践经验丰富）基于多年程序设计语言教学的经验，结合软件开发工程实践，精心打造了本书。

- 对 Java 语言的基础知识，如数据类型、流程控制、数组、类的封装与继承、多态、接口等进行系统讲解。
- 对 Java 中的实用类库，如包装类、字符串、Math、Random 和日期类进行详细讲解，筑牢编程基础。
- 对 Java 中的基本应用，如 IO 体系、异常处理、集合、图形用户界面设计等，精选典型实用的案例，力图做到触类旁通。
- 对一些综合应用，如 MySQL 数据库与 JDBC 编程等内容结合具体案例进行应用层面的分析和讲解，培养学习者良好的编程思想和思维模式。

　　在本书编写过程中，注重对编程技巧与经验的渗透，努力做到内容新颖、概念清晰、实用性强、通俗易懂，帮助读者建立扎实的技术基础和具体项目的应用能力。

　　本书由张焕生（负责统稿）、崔炳德任主编，孙晓磊、李亚娟、崔凌云、王建文任副主编。由于时间仓促及编者水平有限，书中不足和疏漏之处在所难免，恳请读者批评指正。

编　者
2020 年 5 月

本书配套资源

目　录

第 1 章　Java 语言概述

本章导读

　　工欲善其事，必先利其器。本章分为两个部分：第一部分介绍 Java 程序设计语言的发展历史、运行平台、运行机制、Java 程序设计语言面向对象的实现机制、Java 语言的跨平台、可移植等特性；第二部分介绍 Java 程序设计语言安装环境的配置，包括 JDK 的安装、配置及其特性，Java 语言开发环境 Eclipse 的下载和创建项目的过程。通过本章的学习，读者应掌握 Java 程序设计语言的运行机制、面向对象思想、Java 开发环境的配置与创建项目的过程。

本章要点

- Java 程序设计语言的发展历史。
- Java 程序设计语言的三大平台。
- Java 程序设计语言的运行机制。
- Java 程序设计语言的面向对象特性。
- Java 程序设计语言的跨平台特性。
- Java 程序设计语言的可移植特性。
- JDK 的安装与配置。
- Eclipse 的下载与使用。
- 创建第一个 Java 项目。

1.1　Java 的历史

　　20 世纪 90 年代，Sun 公司成立了 Green 项目小组，旨在开发一种能够在各种消费类电子产品（如交互式电视、微波炉）上运行的程序，以达到通过 Internet 控制家用电器的交互效果。当时 James Gosling 为该项目组的负责人，最初项目组成员考虑使用 C++ 语言，但由于 C++ 过于复杂和庞大，而且缺少垃圾回收机制，于是他们决定以 C++ 为基础，开发一种新的面向对象的编程语言——Oak（橡树）。Oak 语言的风格十分接近 C++，但在安全性和易用性方面都要优于 C++。

　　Java 获名的过程非常有趣。Sun 公司曾经在以 Oak 投标一个交互式电视项目的过程中惨败，Oak 一度面临着被放弃的危机。恰逢此时，互联网在全世界蓬勃发展，Mark Ardreesen 开发的 Mosaic 和 Netscape 浏览器问世，James Gosling 受到启发，对 Oak 进行了小规模的整改，完成了一个基于 Oak 语言的网页浏览器 HotJava 的开发，该浏览器具有当时一般浏览器做不到的动态效果。这一举动得到了当时 Sun 公司首席执行官 Scott McNealy 的支持，使得 Oak 在 Internet 领域取得了巨大成功。在 Sun 公司给 Oak 注册商标时，发现它已被另一产品注册。项目组成员在一家名叫"爪蛙咖啡"的咖啡店品尝咖啡时产生了灵感，有人提议该门语言取名 Java（印度尼西亚爪哇岛的英文名称，因盛产咖啡而闻名），后来一杯热气腾腾的咖啡图案成为了 Java 语言的商标，Oak 正式更名为 Java。

Java 程序设计语言的发展历程：

- 1995 年 5 月 23 日，Sun 公司在 Sun World 会议上正式发布 Java 语言和 HotJava 浏览器，之后 Netscape、IBM、Oracle 等各大公司竞相购买了 Java 使用许可证，并为自己的产品开发了相应的 Java 平台。
- 1996 年 1 月，Sun 公司宣布成立新的 JavaSoft 业务部，主要负责开发、销售支持基于 Java 技术的产品，同时推出 Java Development Kit 1.0（JDK），JDK 主要包括 Java 程序的运行环境和开发工具，并提出"Write Once, Run Anywhere"的口号；2 月，Sun 公司发布 Java 芯片系列并推出 Java 数据库连接（Java Database Connectivity, JDBC）；4 月，苹果电脑、Microsoft、HP 等十大主流操作系统公司声明将在产品中嵌入 Java；5 月底，Sun 公司在旧金山举行第一届 JavaOne 世界 Java 开发者大会，Sun 公司在大会上推出一系列 Java 平台新技术。
- 1997 年初，JDK1.1 版本问世，下载量超过 200 万次。
- 1998 年，J2EE 作为 Java 的第二代平台企业版与世人见面。
- 1999 年，Sun 公司发布 Java 的三大版本：标准版（J2SE）、企业版（J2EE）、微型版（J2ME）。Java 2 的发布标志着 Java 的应用开始普及，是 Java 发展历程中的又一个里程碑。
- 2000 年 5 月，Sun 公司发布 J2SE 1.3。
- 2002 年 2 月，Sun 公司发布 J2SE 1.4，大大提高了 Java 的计算能力。
- 2004 年 9 月，发布了 J2SE 1.5，引入了泛型、Annotation 等大量新特性，为了表示这个版本的重要性，后来更名为 Java SE 5.0。
- 2006 年 12 月，Sun 公司发布 Java SE 6，J2SE 更名为 Java SE，J2ME 更名为 Java ME，J2EE 更名为 Java EE。
- 2009 年 4 月，Oracle 公司以 74 亿美元收购 Sun 公司，取得 Java 的版权。
- 2011 年 7 月，Oracle 公司发布 Java SE 7。该版本是 Oracle 公司发布的第一个 Java 版本，引入了菱形语法、多异常捕捉等新特性。
- 2014 年 3 月，Oracle 公司发布 Java SE 8。这次版本升级增加了全新的 Lambda 表达式等大量新特性，使得 Java 变得更加强大。
- 2017 年 9 月，Oracle 公司发布 Java SE 9。该版本支持模块化、交互式命令行(JShell)、分段代码缓存、优化字符串占用空间等新特性。自此，Oracle 公司宣布今后每 6 个月更新一次。
- 2018 年 3 月，Oracle 公司发布 Java SE 10。
- 2018 年 9 月，Oracle 公司发布 Java SE 11。
- 2019 年 3 月，Oracle 公司发布 Java SE 12。
- 2019 年 9 月，Oracle 公司发布 Java SE 13。较之前的版本增加了 switch 优化、文本块升级等 12 个新特性。

1.2　Java 技术三大平台

Java 产生于网络互动展示技术，现今该技术已经拓展到了多个应用领域。广义上 Java 包括 Java 程序语言、各类应用 JavaAPI、JavaBeans、JSP 等众多技术。随着时代发展，目前主流的 Java 应用方向为经典桌面级应用、Web 企业级应用、移动端应用。

（1）Java 标准版：Java Standard Edition（Java SE），是为开发普通桌面和商务应用程序提供的解决方案。Java SE 的前身为 J2SE，包括 Java 语言核心以及标准 API，应用范围包括桌面、服务器、嵌入式设备等。Java SE 还提供了支持 Java Web 开发的类，为 Java EE 提供开发基础。

（2）Java 企业版：Java Platform Enterprise Edition（Java EE），主要用于开发企业级服务器端 Java 应用程序。Java EE 的前身为 J2EE，该版本开发的程序可移植、鲁棒、可伸缩，且安全性较高。Java EE 以 Java SE 为基础，主要包括 Servlet、JSP、WebService 等技术。

（3）Java 微型版：Java Platform Micro Edition（Java ME）。Java ME 的前身为 J2ME，该版本多适用于开发嵌入式设备。Java ME 广泛应用在移动设备上运行的应用程序的开发。Java ME 具有灵活的 UI、鲁棒性高的安全模型、适应多种网络协议、支持多种离线应用程序，为无线交流量身打造。

1.3　高级语言运行机制

每种高级程序设计语言都具有自己独特的运行机制，按照程序的执行方式可以分为编译型语言和解释型语言两种。Java 语言是一种特殊的高级程序设计语言，既具有编译型语言的特征，又具有解释型语言的特征。

1.3.1　语言运行机制

1. 编译型语言

编译型语言需要配套与语言一致的专门编译器。编译器的作用是将使用该语言编写的源代码一次性地"翻译"成型，编译器的"翻译"成果为在某一特定平台下可以执行的机器码，该成果具有平台唯一性，仅为该平台能识别的可执行程序格式，可在平台中不依靠开发环境独立运行，上述"翻译"的过程称为编译。大部分编程语言在实际使用的过程中均会涉及代码的复用，编译型语言通过"链接"的方式可以实现两个以上成果代码之间的复用。

编译型语言的源代码一次编译成型，即可脱离开发环境，独立运行于特定的平台上，对于特定的平台来说执行效率较高，但如果遇到跨平台运行的需求，则必须将源代码重新修改并使用特定的编译器进行编译，才可以得到针对另一平台的可执行文件，可移植性较差。

图 1-1 展示了编译型语言的执行方式，常用的 C 语言即为编译型语言。

图 1-1　编译型语言的执行方式

2. 解释型语言

与编译型语言相对应的是解释型语言，解释型语言需要使用专门的解释器，但是该类语言解释器的适用场合与编译型语言不同。在运行时解释器将源代码逐行进行解释，通常情况下不进行源代码的整体编译和链接。可以这样理解：每执行一次解释型语言都要逐行对源代码进行编译，如图 1-2 所示。显然，解释型语言不能离开解释器而单独运行，通常来讲执行效率较低，但解释型语言的可移植性是编译型语言无法比拟的。只需要特定平台的解释器，解释型语言便可以在平台之间实现移植。

图 1-2　解释型语言的执行方式

3. Java 语言运行机制及其跨平台性

Java 语言需要先经过编译，再解释运行。因为 Java 源程序（*.java 文件）经过编译之后得到的不是能直接执行的机器码，而是一种与任何平台都无关的中间代码——字节码（.class 文件）。负责解释字节码的是"Java 虚拟机"（Java Virtual Machine，JVM），它完成的功能类似于一台计算机，只不过是用软件实现的，所以称之为"Java 虚拟机"。虚拟机中的 Java 解释器负责将字节码文件解释成为特定平台的二进制代码，如图 1-3 所示。

Java 虚拟机不是一个独立的程序，它是 Java 运行环境（Java Runtime Environment，JRE）的一部分。它为字节码提供了统一的虚拟运行平台，又负责与不同的底层机器沟通，这样既兼顾了高效率执行也达到了很好的跨平台性，真正达到"一次编写，到处执行"的目的。

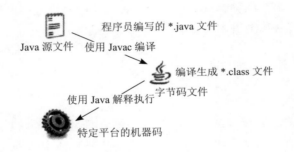

图 1-3　Java 语言的执行方式

1.3.2　JRE

Java 程序运行需要环境的支撑，前面提到的 Java 虚拟机以及解释器是运行环境的一部分，Java 运行环境（Java Runtime Environment，JRE）为 Java 程序运行提供了可能，它是一个软件，其中包含了 Java 虚拟机以及本地平台的核心类库，如图 1-4 所示。JRE 不包括编译器和调试工具，因此计算机中安装 JRE 之后仅能运行 Java 程序，不能进行 Java 的开发与调试。

从功能支持上来讲，JRE 包含两个部分：Java Runtime Environment 和 Java Plug-in，前者支持在其上运行、测试和传输应用程序，它包括 Java 虚拟机、Java 核心类库和支持文件；后者为 Java 程序运行在 applet 中提供支持。

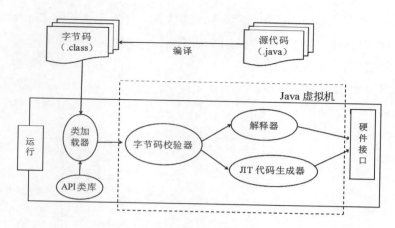

图 1-4 Java 运行环境

- 类加载器（Class Loader）。该组件在 Java 程序运行时负责查找和加载程序中引用到的核心类库和扩展类库，将字节码（.class）文件装入内存，并将这些静态数据转换成方法区中运行时的数据结构，在堆中生成一个代表这个类的 java.lang.Class 对象，作为方法区的访问入口。
- 字节码校验器（Bytecode Verifier）。用于检测字节码文件的合法性。检测的标准为 Java 的代码规范、语法、语义、数据类型转换和权限安全性访问策略等。
- 解释器（Interpreter）。它是 Java 虚拟机的核心部分，负责把类文件中的字节码转化为特定平台的机器码，从而使 Java 程序可以在特定平台上运行。从存在形式看，Java 解释器也是一段程序，一般为存放在 bin 目录中的 java.exe 文件。
- JIT（Just In Time）代码生成器。它也叫即时编译器，该组件提供了另外一种处理字节码的方法。解释器在转化字节码时逐行解释与运行，JIT 处理字节码的方式与编译器类似，当 Java 虚拟机发现某个方法或者代码会被频繁地调用时，此段代码会被认为是 Hot Spot Code，为了提高 Hot Spot Code 的运行效力，Java 虚拟机会利用 JIT 把该段代码一次性编译并存放于内存之中，以便随时调用。
- API 类库。API 类库提供 Java 平台 API 的代码。
- 硬件接口。该组件提供底层平台资源库的调用接口。

1.3.3 JDK

JDK（Java Development Kit）为 Java 标准开发包，是 JRE 的超集。它提供了编译、运行 Java 程序所需要的各种工具和资源，通常包括 Java 类库、Java 编译器、Java 调试器和 JRE。

随着用户需求的不断变化，JDK 自 1995 年诞生 1.0 版本之初至今，经历了多个版本的更新，最新一版为 JDK13。目前针对各大主流平台均有相对应的 JDK，读者可以从 JDK 官网中下载相应的 JDK 版本。JDK 的安装、配置方法将在 1.5 节中详细介绍。

JDK13 部分新特性简介

1.3.4 Java 虚拟机（JVM）

Java 语言之所以具有很好的跨平台特性，Java 虚拟机（JVM）起到了非常大的作用。前面介绍字节码经过 Java 虚拟机转化成特定平台架构的机器码，才实现了 Java 的跨平台。

例如在 Windows 平台上编译好的字节码,拷贝到 Linux 平台后,经过 Linux 系统下的 Java 虚拟机解释后即可执行。字节码文件与 Linux 系统下 Java 虚拟机的完美结合完成了 Java 从 Windows 系统到 Linux 系统的移植。

Java 虚拟机将运行时数据区域划分为 5 个部分:方法区、堆、程序计数器、虚拟机栈、本地方法栈,如图 1-5 所示。

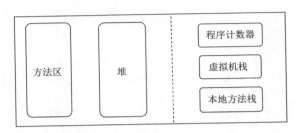

图 1-5　Java 虚拟机数据区域

- 方法区(元空间):存储已被虚拟机加载的类元数据信息。
- 堆:存放对象实例。
- 程序计数器:当前线程所执行的字节码的行号指示器。
- 虚拟机栈:描述的是 Java 方法执行的内存模型,每个方法执行时都会创建一个栈帧用于存储局部变量表、操作数栈、动态链接、方法出口等。
- 本地方法栈:为虚拟机执行的 native 方法服务。

通过 1.3.2 小节的学习,我们知道为了提高运行效率,标准 JDK 中的 HotSpot 虚拟机采用的是一种混合执行的策略。首先,它会解释并执行 Java 字节码,然后会将其中反复执行的热点代码以方法为单位进行即时编译,翻译成机器码后直接运行在底层硬件之上。HotSpot 装载了多个不同的即时编译器,以便在编译时间和生成代码的执行效率之间做出取舍。

Java 语言在程序运行中动态分配的内存空间不再使用时,这部分空间需要回收再利用。Java 虚拟机中实现内存管理功能的工具称为垃圾收集器,它负责将堆、元空间内废弃的对象、常量和无用的类进行回收。垃圾收集器是一个优先级较低的系统级线程,使用标记—清除算法、标记—整理算法、复制算法、分代收集算法等进行内存管理。该线程的运行用户无法干预,这虽然会导致程序在运行时影响效率,但是相比于内存浪费来说,这个代价还是值得的。

1.4　Java 语言的特点

(1)操作简单。Java 语言是一门操作相对简单的编程语言,用户只需掌握基本概念与语法,便可创建出解决实际问题的应用。Java 语言中剔除了很多模糊概念,如运算符重载等,而且没有指针运算,Java 语言还提供了自动垃圾回收机制,实际编写程序过程中非常简单易行。

(2)跨平台易移植。由前面介绍的 Java 运行机制可知,Java 源程序(*.java)文件通过编译得到字节码(*.class)文件,字节码文件由 JRE 运行得到结果,JRE 针对不同的平台有不同的版本,因此只要平台上安装了配套的 JRE,那么字节码文件便可以在其上运行,由此实现了 Java 的跨平台性和可移植性。

（3）安全性高。Java 语言的网络应用机制中提供了防止恶意代码攻击的机制，同时 Java 程序利用字节确认器完善安全机制，保护本地资源与文件系统。

（4）面向对象。Java 语言最大的特点就是面向对象，在 Java 语言中一切皆对象。Java 语言在解决问题时先将问题进行抽象分析，归纳为可用的对象，每个对象具有特有的方法和属性，若干个对象合作解决同一个问题，程序维护性好，复用率高。

（5）封装性。Java 语言将对象的属性和行为（方法）封装起来，外部不了解内部的具体实现，体现了封装的特点。

（6）继承性。Java 中类与类之间可以继承，无须重复编写，即可共用一部分代码，增强了可扩展性。例如动物这个类由动物共同的特点来描述，猫既属于动物又有自己独特的地方，那么猫类可以继承动物类，然后在自身的类里面再单独描述其特点，实现了代码的复用。

（7）多态性。当一个类中定义的属性和方法被其他类继承后，可以在其他类内表现出不同的类型或者行为，即同名的属性或者方法在不同的类内有不同的意义，因此称为多态性。

1.5　Java 开发环境的安装与配置

本节主要分为两部分：JDK 的下载、JDK 的安装与配置。学习完本节后读者能够自主安装 Java 语言开发所需的环境，为之后的 Java 开发打下基础。

1.5.1　JDK 的下载

可通过访问官网 https://www.oracle.com/java/technologies/javase-downloads.html 下载 JDK 的最新版本或历史版本，如图 1-6 所示。

JDK 下载

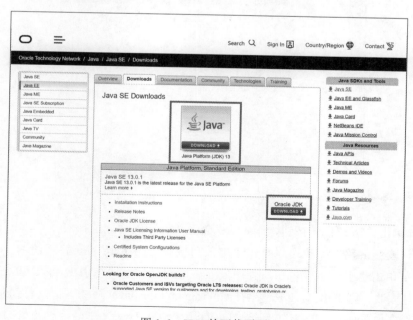

图 1-6　JDK 的下载页面

单击 JDK13 版本的下载链接后可针对不同的操作系统进行下载，如图 1-7 所示。

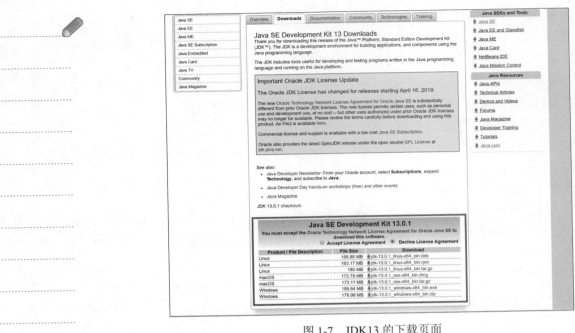

图 1-7　JDK13 的下载页面

JDK 安装与配置

1.5.2　JDK 的安装与配置

这里以 64 位 Windows 系统下的 JDK 安装与配置为例介绍 JDK 的安装与配置。

第一步：JDK 安装包下载完成之后，双击安装包 jdk-13.0.1_windows-x64_bin.exe 即可开始安装，双击后会弹出如图 1-8 所示的对话框。

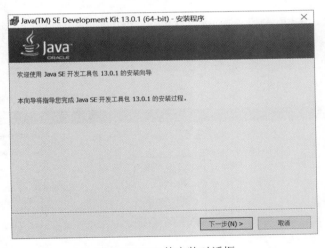

图 1-8　JDK 的安装对话框

第二步：单击"下一步"按钮，安装程序会自动跳转到路径选择对话框，如图 1-9 所示。可以选择默认安装的路径，也可以单击"更改"按钮更改 JDK 的安装路径。

第三步：单击"下一步"按钮，弹出安装进度对话框，等待 JDK 自动安装完成。如果选择默认路径安装，则 JDK 安装成功后在 C:\Program Files\Java\ 路径下可以看到 jdk-13.0.1 文件夹，该文件夹中包含 bin 和 lib 等目录。bin 目录中包含 Java 程序编译器（javac.exe）、解释器（java.exe）、调试器等主要工具软件，如图 1-10 所示。lib 目录中存放的是 Java API 类库文件。

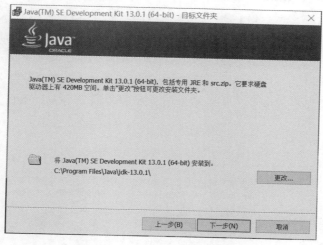

图 1-9　选择 JDK 的安装路径

名称	修改日期	类型	大小
⬜ jarsigner.exe	2020/2/17 11:31	应用程序	20 KB
⬜ java.dll	2020/2/17 11:31	应用程序扩展	145 KB
✅ java.exe	2020/2/17 11:31	应用程序	50 KB
⬜ javaaccessbridge.dll	2020/2/17 11:31	应用程序扩展	280 KB
⬜ javac.exe	2020/2/17 11:31	应用程序	20 KB
⬜ javadoc.exe	2020/2/17 11:31	应用程序	20 KB
⬜ javajpeg.dll	2020/2/17 11:31	应用程序扩展	170 KB

上方地址栏：此电脑 > Windows (C:) > Program Files > Java > jdk-13.0.1 > bin

图 1-10　JDK 的 bin 目录

第四步：在首次编译和运行 Java 程序前，一般需要设置 path 环境变量才能正常使用 JDK。

右击桌面上的"计算机"图标，在弹出的快捷菜单中选择"属性"选项，在打开的窗口中单击左边窗格中的"高级系统设置"链接，弹出"系统属性"对话框，如图 1-11 所示。单击"环境变量"按钮，弹出"环境变量"对话框，在其中进行环境变量的设置。

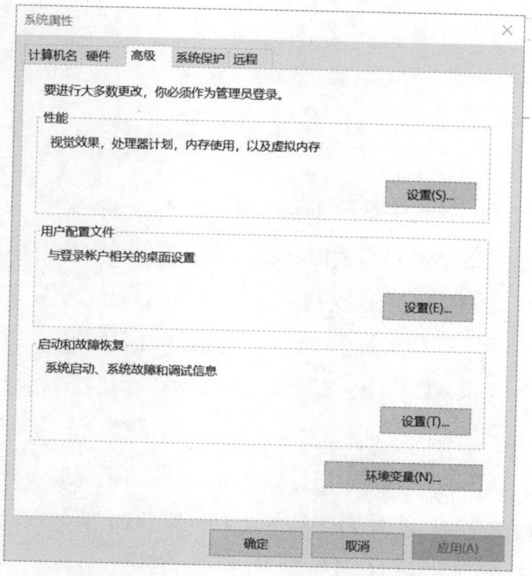

图 1-11　"系统属性"对话框

第五步：设置环境变量。在"系统变量"列表框中选择 Path（如果没有该变量可以新建一个），单击"编辑"按钮，弹出"编辑系统变量"对话框。在"变量值"文本框中添加 C:\Program Files\Java\jdk-13.0.1\bin（该值以实际 JDK 的安装位置和版本为准），单击"确定"按钮。

注意：如果存在多个变量值，变量值之间要加";"进行分隔，如图 1-12 所示。

图 1-12 设置环境变量参数

第六步：配置完成后，打开操作系统的命令行界面，在命令提示符下输入 javac 或 java 命令，如果出现如图 1-13 所示的信息，说明配置成功；如果提示"java"不是内部或外部命令，也不是可运行的程序或批处理文件，说明环境变量配置有误。

图 1-13 测试配置是否成功

在系统中还可以安装多个版本的 JDK，在命令提示符下可以输入 java -version 命令来查看当前使用的 JDK 版本。

1.6 开发工具 Eclipse

Eclipse 下载

Eclipse 是目前应用较为广泛的基于 Java 语言的扩展开发平台，其开源的特点受到众多程序开发者的青睐。尽管 Eclipse 是使用 Java 语言开发的，但它的用途并不限于 Java 语言，C/C++、PHP、Android 等语言编辑的插件均可在 Eclipse 上使用。对 Java 而言，Eclipse 提供了相当全面的支持。从 2018 年 9 月开始，Eclipse 的版本每 3 个月更新一次，直接采用年月来命名，版本之间非常容易区分。除特殊说明外，本书中的代码均是在 Eclipse 下编写与运行的。

可以通过访问官网 https://www.eclipse.org/downloads/packages/ 下载所需要的 Eclipse 版本。本节将以 Eclipse 2019-12 版本为例说明，如图 1-14 所示，单击 Eclipse IDE for Java Developers，再根据计算机安装的操作系统选择安装的软件版本，此处选择 Windows 64-bit，进入如图 1-15 所示的页面，单击 Download 按钮，再设置保存路径下载即可。

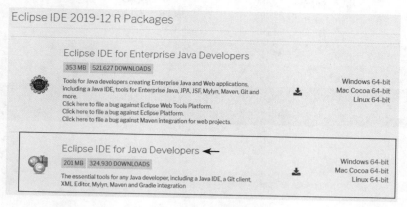

图 1-14　Eclipse 的下载页面 1

图 1-15　Eclipse 的下载页面 2

下载完毕后得到的是一个 zip 文件 eclipse-java-2019-12-R-win32-x86_64.zip，对其进行解压缩，然后直接运行解压缩后文件夹中的 eclipse.exe 文件即可启动 Eclipse。

注意：Eclipse 的运行需要成功安装并配置好 JDK，否则会弹出缺少 JRE 的错误提示框。

Eclipse 常用快捷键介绍

1.7　第一个 Java 程序

通过上面的介绍，开发 Java 程序所需要的环境已经准备完毕，本节通过一个简单的"Hello World"程序来让读者初步了解在 Eclipse 下开发 Java 程序的过程。

第一步：Eclipse 启动后会出现如图 1-16 所示的对话框，在 Workspace 文本框中设置存放项目文件的工作路径，也可以通过单击 Browse 按钮在弹出的对话框中选择合适的路径。

第一个 Java 程序

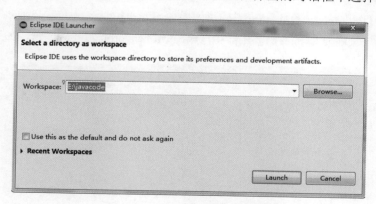

图 1-16　Workspace 设置对话框

如果下次启动不希望再次出现该对话框，则选中 Use this as the default and do not ask again 复选框，然后单击 Launch 按钮，弹出欢迎界面，如图 1-17 所示。

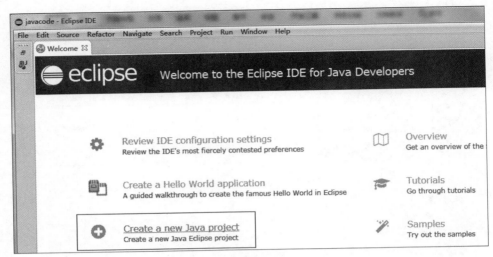

图 1-17 欢迎界面

第二步：创建 Java 项目。可以在弹出的欢迎界面中单击 Create a new Java project 链接创建新项目，会弹出如图 1-18 所示的对话框。在 Project name 文本框中输入 Java 项目的名称，单击 Finish 按钮后即可进入 Eclipse 主界面。

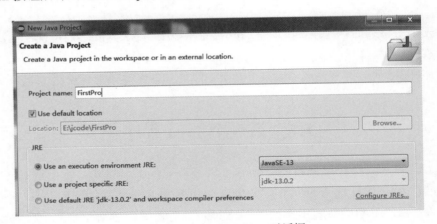

图 1-18 New Java Project 对话框

也可以关闭欢迎界面，在 Eclipse 主界面中单击 File → New → Java Project 命令或者单击主界面左侧窗格 Package Explorer 选项卡中的 Create a Java project 链接创建，如图 1-19 所示。

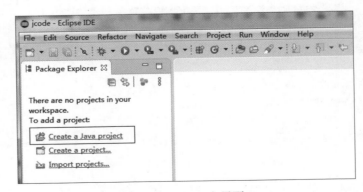

图 1-19 Eclipse 主界面 1

第三步：认识 Eclipse 主界面。如图 1-20 所示，左侧窗格中的 Package Explorer 选项卡用于管理指定目录下的所有程序文件。界面中间部分为 Java 程序编辑区。下方窗格中的选项卡是一系列调试工具，其中 Console 用于将 Java 程序的数据写入到控制台中。可通过 Window → Show view 命令选择需要显示的视图。

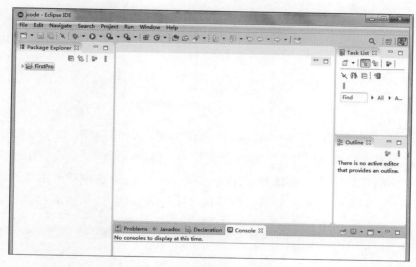

图 1-20　Eclipse 主界面 2

第四步：创建类 HelloWorld.java。在已有项目（如上面创建的 FirstPro）上右击，在弹出的快捷菜单中选择 New → Class 选项，弹出 New Java Class 对话框，如图 1-21 所示。在 Name 文本框中填写类名称 HelloWorld（需要遵循标识符的命名规则），并选中 public static void main（String[] args）复选框（此处创建主类，如果是非主类则不勾选），对话框中其他部分为默认设置，单击 Finish 按钮完成类的创建。

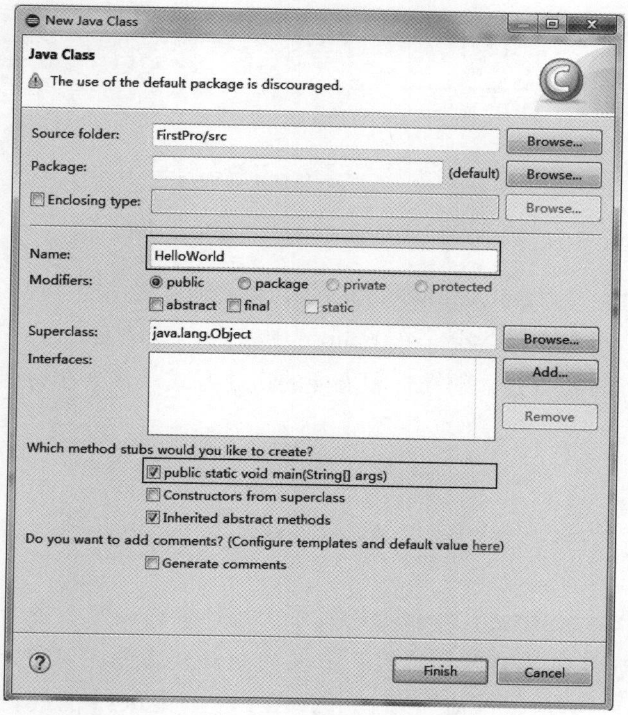

图 1-21　New Java Class 对话框

第五步：编写程序并运行。创建成功之后，在编辑区会自动出现一些默认生成的代码，如图 1-22 所示。

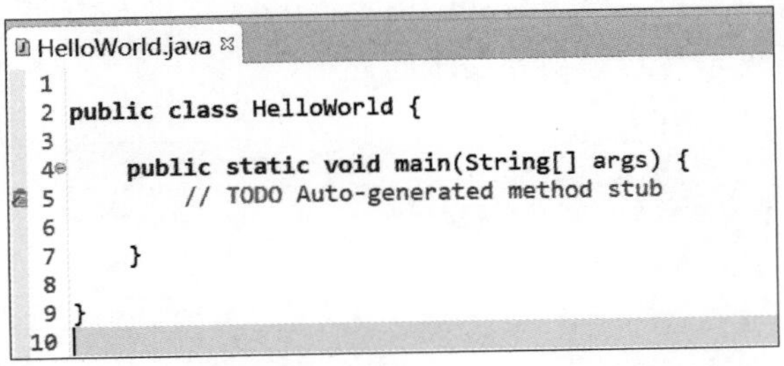

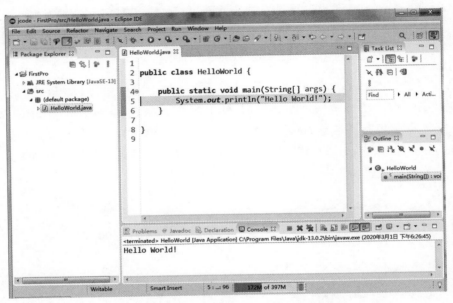

图 1-22　新建类自动生成的代码

在 main 方法中编写语句"System.out.println("Hello World!");"，如果编辑过程中有语法错误，会在编辑区代码位置左侧出现红色叉号，可根据提示调试。没有错误后，在编辑区右击，在弹出的快捷菜单中选择 Run As → Java Application 选项或单击工具栏中的 Run 按钮 ▶ 运行程序，在控制台中可查看运行结果"Hello World!"，如图 1-23 所示。

图 1-23　"Hello World"程序运行结果

至此，我们的第一个 Java 程序顺利完成了，通过这个小程序我们学到了 Eclipse 的简单应用及其主要窗口分布，还学会了在 Eclipse 中编辑、运行 Java 程序的过程。但 Eclipse 的功能远不止这些，它还有强大的插件和方便的快捷方式，将会在后面的章节或扩展阅读中向读者提供。

本章小结

通过本章的学习，读者应了解 Java 的发展历程、名称由来、各个版本的信息、软件的 3 个平台等；明确 Java 语言的运行机制，以及 Java 语言面向对象、可移植性、跨平台性的特点；了解 JRE、JDK、JVM 的概念和作用；了解 JDK13 的最新特性，并熟练掌握如何下载、安装 JDK，会配置环境变量；熟练掌握 Eclipse 的下载和简单使用；熟练掌握 Java 项目创建的方法。

练习 1

1. 简述 JDK 与 JRE 的关系和区别。
2. Java 语言的特点有哪些？
3. 简述 Java 的三大平台。
4. 简述解释型语言与编译型语言的区别。
5. 简述 JVM 的运行机制。

第 2 章　Java 语言基础

本章导读

　　本章主要介绍 Java 语言的基础知识,包括 Java 语言的基本格式,Java 所使用的字符集、标识符和关键字,Java 语言的基本数据类型、基本运算符的使用和优先级别,Java 程序的基本控制结构。通过本章的学习,读者应掌握 Java 语言的书写格式、Java 标识符的命名规则、数据类型及特点、运算符与表达式的应用、结构控制语句及特点,还应了解常量、变量和扩展的数据类型以及 Scanner 类的用法。

本章要点

- 了解 Java 语言的基本格式和基本规则。
- 了解 Java 所使用的字符集、标识符和关键字,掌握命名规则。
- 掌握 Java 的基本数据类型,了解常量、变量。
- 掌握 Java 语言基本运算符的使用和优先级别。
- 掌握 Java 程序的基本控制结构。
- 了解 Scanner 类的用法。

2.1　Java 语言基本格式

　　Java 是面向对象的程序设计语言,具有独特的基本格式与规则,错误的程序格式会导致程序运行报错,因此,在书写 Java 程序之前,熟悉 Java 程序的基本格式既可以减少程序运行错误又可以提高运行速度,起到事半功倍的作用。

1. 基本格式(类和 main 方法)

　　类是 Java 语言中一种重要的复合数据类型,是面向对象程序设计的核心,同时也是组成 Java 程序的基本要素,在 Java 程序中起着非常重要的作用。

　　通过 1.7 节 "Hello World" 程序的编写可知,一个类的创建需要遵循一定的格式。在创建过程中,如果没有指定包,那么该类会被放置到默认的包(default package)中。关于类的具体内容、包的定义和创建将在第 3 章中详细介绍。

　　类的书写格式如下:

```
[修饰符] class 类名{
    ...
}
```

　　定义一个类的关键字是 class,类名需要遵循标识符的命名规则(标识符和关键字的具体概念与特点将在 2.2 节中详细介绍),类名后的 {} 是类体部分,数据、方法等成分需要存在于类体中。

　　一个 Java 程序可以定义多个类,这些类中有且仅有一个主类作为整个程序的运行入口。在一般应用程序中,main() 方法所在的类即为主类,主类作为程序执行的起始点与结束点。在 Java 中 main() 方法的书写格式基本是固定的。

　　main() 方法的书写格式如下:

```
public static void main(String args[]){
    ...
}
```

　　其中 public(访问控制符)、static(静态修饰符)、void(返回值类型修饰符)共同修饰 main() 方法。main() 的 "{}" 中可以根据程序的需要放置任意多条语句序列。String args[] 是一个字符串数组,是 main() 方法的参数(具体内容将在后面的章节中介绍)。目前可以先按固定的格式书写,暂时不去深究其意义。

　　Java 程序保存时,源文件的命名需要遵循一定的规则:Java 程序源文件的扩展名应为 .java;如果 Java 源代码中定义了一个 public 类,则该源文件的文件名必须和该 public 类的名称一致,因此一个 Java 源文件里最多只能定义一个 public 类。

　　2. 空白

　　空白包括每条语句左端距离该行左端的空白缩进以及多行之间的空白行,这些空白并不是必需的,也不影响源程序的运行,但加上这些空白有助于代码的阅读和理解。

2.2 Java 语言的基本元素

2.2.1 Java 语言使用的字符集

　　在语言源代码编写的过程中会涉及标点符号、图形符号、各国文字等字符,为了便于使用这些字符,将它们集中起来放在一个集合之中,这个集合便是编码字符集(Code Character Set),通常也称为字符集。字符集中的每个字符对应一个唯一的值,现存的编码字符集有 Unicode、ASCII、GB2312、GB18030 等,每种字符集都有特定的编码方式。Java 语言使用的字符集为 Unicode 字符集。

　　Unicode 字符集(Universal Multiple-Octet Coded Character Set)是通用多八位编码字符集的简称,是 Unicode 学术学会(Unicode Consortium)制订的字符编码系统,编码方案有 UTF-8、UTF-16 等。早期的统一编码字符集为 ASCII 字符集,但随着计算机的发展,早期 ASCII 字符集的容量已经难以满足人们对字符多样化的需求,于是各种编码标准不同的字符集出现了,但是由于多种字符集之间编码方式不同,出现了跨平台文本转换的问题。Unicode 编码字符集的出现解决了这个问题。Unicode 编码字符集几乎包含了现今所有被发现的字符,且为每个字符设定了唯一的二进制编码,支持世界各种不同语言的书面文本交换、处理及显示,满足了跨语言、跨平台文本转换的需求。Unicode 采用双字节编码方式,即每个字符编码由 16 位二进制数组成。

　　Java 程序在书写的过程中经常会涉及的字符主要有标识符、关键字、分隔符、转义字符等,其中标识符与关键字将在接下来的小节中详细介绍。Java 程序编译的过程中,字节码文件即 *.class 文件中使用改进的 UTF-8,JVM 加载 *.class 文件之后,将

UTF-8 编码简介

其中的字符转化为 UTF-16 编码序列。Java 中涉及编码的类主要有 InputStreamReader、OutputStreamWriter、String，具体的使用方法将在后面的章节中介绍。

2.2.2　标识符

标识符是指包、类、方法、变量以及其他用户自定义项的名称，它是一个有序的字符序列。

```java
package printtest;
public class PrintTest{
  public static void main(String[] args) {
    int printWord;
    printWord=10;
    System.out.print(printWord);
  }
}
```

以上代码中的 printtest（包名）、PrintTest（类名）、printWord（变量名）均为标识符。Java 语言对标识符的书写有严格的规定。

- 标识符由字母、数字、_、$ 任意组合而成，但数字不能出现在标识符的首位。
- 标识符不能是 Java 语言的关键字与保留字，标识符中不能含有空格。
- 标识符没有长度限制。
- 标识符对大小写敏感。

2.2.1 小节中已经说明 Java 语言使用的字符集为 Unicode 字符集，Unicode 字符集支持多国语言，上述第一条规定中的字母可以作扩大解释，即 Unicode 表中支持的各国语言均可作为字母，因此使用中文作为 Java 程序中的标识符也是允许的，但并不推荐使用。

编写实践中，Java 语言通常推荐使用有意义的英文单词定义标识符，同时推荐使用大驼峰和小驼峰书写规则。大驼峰书写规则要求标识符的每个单词的首字母均为大写，上述代码中的 PrintTest 即为符合大驼峰书写法的标识符，此类书写规则常用于类名、接口名称等。小驼峰书写规则要求标识符第一个单词的首字母小写，其他单词的首字母大写，上述代码中的 printWord 即为符合小驼峰书写法的标识符，此类书写规则常应用在变量、方法的命名上。

2.2.3　关键字与保留字

Java 语言中有一组具有特殊意义的词被称为关键字，它们可以用来声明数据类型、修饰方法或类等。关键字不能作为变量名、方法名、类名、包名等使用，2.1 节中提到的 public、static、void 就是关键字。表 2-1 中为 Java 中常用的关键字，各关键字的具体含义与用法将在后面的章节中详细介绍。

表 2-1　Java 中常用的关键字

Java 常用关键字				
abstract	assert	boolean	break	byte
case	catch	char	class	const
continue	default	do	double	else

续表

Java 常用关键字				
enum	extends	final	finally	float
for	goto	if	implements	import
instanceof	int	interface	long	native
new	package	private	protected	public
return	strictfp	short	static	super
switch	synchronized	this	throw	throws
transient	try	void	volatile	while

需要注意以下几点：

● Java 中的关键字都是小写的。

● goto 和 const 也被称为保留字，意思是说，现在还没有使用到，但 Java 语言以后可能会使用这两个关键字。

● true、false 和 null 这 3 个直接量是具有实际意义的字，严格地说不能算作关键字，所以没有在表中列出。

● 用户在程序中自定义的标识符不能使用关键字（包括 Java 语言以后可能使用的关键字 goto 和 const），也不能使用 true、false 和 null 这 3 个实义字。

2.3　工程实践中 Java 程序的书写规范

工程实践中对 Java 程序的编写制订了一系列的书写规范，这些规范包括 Java 注释、文件规范、命名规范等。遵守书写规范不仅在一定程度上避免了语法错误，更有助于提高代码的阅读性，加强团队之间的合作与沟通，提高工程开发效率。

2.3.1　Java 程序的注释

注释是对代码的说明与解释，目的是让人们更加清晰地了解程序结构、方法作用等。根据注释目的不同可将注释分为序言注释、功能注释。前者一般用于对接口、数据、模块的整体描述，后者一般用于对某个程序段、语句的功能或者状态的描述。程序在编译与运行过程中会自动忽略注释内容。

注释在书写时应该注意以下几点：

● 注释的目的是提高代码的清晰度，应避免书写容易产生歧义的注释。

● 注释应该简洁明了，应避免内容过于冗长或者难以理解。

● 应在代码编写之前书写注释。

● 注释中应注明被注释内容的编写目的、功能描述等内容。

工程实践中推荐的注释适用范围为类的目的、接口目的、方法功能与意义、返回值、方法内部控制结构、参数含义、字段描述等。

Java 程序注释在形式上可以分为单行注释、多行注释、文档注释 3 种。

（1）单行注释。

单行注释以 "//" 开头，经常在方法内使用，用于说明方法的业务逻辑、内部某处代码段的作用、某个临时变量的含义等。例如下面是对某个变量的注释说明。

```
int a; //声明int型变量a
```

（2）多行注释。

多行注释以 "/*" 为开头，以 "*/" 为结尾。此类注释可以跨多行，建议除第一行外每行的开头均使用一个星号作引导。多行注释一般用在除类、域、构造方法等之外的其他需要使用跨行解释说明的地方。例如下面是对某个自定义方法的注释说明。

```
/*
* 说明性描述
* 功能性描述
* ......
*/
```

（3）文档注释。

文档注释与多行注释相类似，不同的是文档注释以 "/**" 为开头。此类注释也可跨行，一般写在类、域、方法之前。例如下面是对某个 Java 文件的注释说明。

```
/**
* 文件名
* 创建人
* 创建时间
* 修改人
* 描述
* 版本号
*/
```

以上内容为通用的工程实践注释使用说明，若代码编辑者参与的项目中有特殊约定的注释使用规则，建议遵照其特殊约定，以便项目参与者之间的流畅沟通与合作。

2.3.2　命名书写规范

Java 源程序在书写时常用的包、类、成员方法、参数等都需要命名，Java 工程实践中对这些命名的书写制订了统一规范。这些书写规范被广泛地应用到工程实践之中，2.2.2 小节中已经详细介绍了标识符的构成，本小节在此基础上介绍 Java 的命名书写规范，建议读者在今后编写 Java 代码的过程中自觉遵守这些规范。

常用的 Java 命名书写规范如下：

（1）包（Package）、类（Class）、接口（Interface）、组件（Component）、字段、参数、局部变量、成员方法应使用完整的英文修饰符，其他命名尽量使用完整的英文修饰符。

（2）采用与本工程相关的领域术语进行命名。

（3）采用合理的大小写混合方式，提高命名的可读性。

（4）慎用缩写，且使用缩写时要保持其在整个工程中的前后一致。

（5）除特殊情况外，命名长度应控制在 25 个字符之内。

（6）避免相似的命名。

（7）除静态常量外，命名中避免使用下划线。

（8）获取成员的方法以 "get" 为命名前缀。

（9）布尔型获取方法以 "is" 为命名前缀。

（10）静态常量命名全部使用大写字母，单词之间使用 "_" 连接。

2.3.3　文件样式及其他书写规范

1. 文件样式规范

Java 文件（*.java）书写规范对文件中的注释、包、类、成员方法样式进行了规定，如下：

（1）Java 文件的版权信息必须写在文件的开头。

（2）文件中的 package 要在 import 行之前，import 中所有包应按照字母顺序排序，且标准包放在本地包之前。

（3）类的注释应包括文件名、类简介、更新时间及内容等辅助编程者理解的内容。

（4）公共的成员变量必须生成 JavaDoc 文档。

（5）同时存在多个同名构造函数时，应按照参数递增的顺序书写构造函数。

（6）main() 函数应写在文件底部。

（7）一般情况下，每个类都应有一个 toString 方法。

2. 其他常用书写规范

（1）缩进是 Java 源程序中必须要有的，且整个工程的所有缩进风格必须一致。

（2）页面宽度应设置为 80 个字符，如遇到超长语句，应在逗号或操作符后折行，折行后应缩进 3 个字符。

（3）变量只声明在代码块的开始处，除特殊情况外，在一行内声明同时完成初始化。

（4）两个片段之间、类声明与接口声明之间应相隔两个空行。

（5）局部变量与方法之间、两个方法之间、方法内两个逻辑块之间应相隔一个空行。

（6）"{" 与 "}" 中的语句应单独一行，"（" 和 "）" 与内容之间不应出现空格。

（7）运算符的两边应各有一个空格。

2.4　基本数据类型

Java 语言的数据类型分为基本数据类型和引用数据类型，本节主要介绍基本数据类型，引用数据类型将在后续章节中介绍。基本数据类型分为数值类型、字符类型和布尔类型，也可以把字符类型作为数值类型对待。

2.4.1　变量和常量

1. 变量

变量在程序设计语言中经常被提到，它是一个可以存储各种类型数据的抽象概念。Java 语言在定义变量时需要明确指出该变量所属的数据类型（后面小节会详细介绍），编译器根据变量的数据类型去申请内存空间，程序需要给这个空间起一个名字，并且这个名字必须符合标识符的命名规则，称为变量名。通过变量名可以访问内存空间中的值，该内存空间中的值是可以改变的，因此称为变量。

Java 是强类型语言，这意味着所有的变量必须"先声明，后使用"，指定类型的变量值只能接收与之相匹配的值。这样，可以使得编写的程序在编译时进行更严格的语法检查，从而减少编程错误。

变量代表着一小段内存空间。给变量赋值，实际上就是把数据存入该变量所代表的内存空间的过程；程序读取变量的值，实际上就是去该变量所代表的内存空间取值的过程。

变量的声明至少需要指定变量类型和变量名两个部分。变量的声明与赋值可以分开写，也可以用一条语句完成，如下：

```
int a;          //声明一个变量，变量名为a
a = 10;         //给变量a赋值为10
char c = 'a';   //声明一个变量并赋值
```

2. 常量和直接量

直接量是在程序中通过数据直接表示的量，是常量的具体和直观的表现形式，如下：

```
String s="abc"; int a=100;
```

其中，"abc"、100 就是直接量。

常量是指在程序中不可改变的量，可以在程序中用符号来代替常量值使用，因此在使用前必须先定义，常量一旦初始化就不可以被修改。

在 Java 程序中定义的常量通过 final 关键字声明，通常用大写字母表示。

常量声明的格式如下：

```
final float PI = 3.14f;    //声明一个常量并赋值
```

2.4.2　数值型数据

Java 编程的过程中经常会用到数值型的数据。Java 语言中的整数数据与小数数据统称为数值型数据，以上两种数据在 Java 中分别对应数值型数据中的整数类型和浮点类型。

1. 整数类型

由于计算机的内存空间有限，出于优化内存的目的，Java 的整数数据根据所占内存空间的大小分为 byte、short、int、long 四种类型，这 4 种类型对应的关键字与类型名称一致，分别对应不同的取值范围，如表 2-2 所示。

表 2-2　Java 的整数类型

数据类型	类型	字节数	数据位数	数据范围
字节型	byte	1	8	$-2^7 \sim 2^7-1$（-128 ～ 127）
短整型	short	2	16	$-2^{15} \sim 2^{15}-1$（-32768 ～ 32767）
基本整型	int	4	32	$-2^{31} \sim 2^{31}-1$（-2147483648 ～ 2147483647）
长整型	long	8	64	$-2^{63} \sim 2^{63}-1$（-9223372036854775808 ～ 9223372036854775807）

整数类型在 Java 语言中可以用十进制、八进制、十六进制来表示。

- 十进制：用非 0 开头的数值表示，如 150 等。
- 八进制：用 0 开头的数值表示，如 026 等。
- 十六进制：用 0x 或 0X 开头的数值表示，数字 10 ～ 15 分别用字母 A、B、C、D、E 和 F 表示（也可以使用小写字母 a ～ f），如 0x41、0Xabc 等。

例 2-1　分别使用十进制、八进制、十六进制来表示整型值。

```
//Example2_1.java
public class Example2_1{
    public static void main(String[] args) {
        int a,b,c;
        a=15;   //给变量a赋值为一个十进制整数
        b=026;  //给变量b赋值为一个八进制整数
```

```
        c=0x41; //给变量c赋值为一个十六进制整数
        System.out.println(a);
        System.out.println(b);
        System.out.println(c);
    }
}
```

输出结果：

```
15
22
65
```

输出结果分别是 a、b、c 对应的十进制整数。

使用时需要注意以下几点：

- Java 默认的整数直接量类型为 int 型。
- 如果给出一个巨大的整数值（超出了 int 型表示的范围），但又在 long 型的范围内，此时要当成 long 型直接量，需要给整数加后缀 L 或 l 才能表示为长整数。

例 2-2　表示长整型直接量时要加后缀 l 或 L。

```
//Example2_2.java
public class Example2_2 {
    public static void main(String[] args) {
        long n=3167889954;    //3167889954超出了int型所能表示的数值范围
        System.out.println(n);
    }
}
```

运行程序，出现错误：

```
Exception in thread "main" java.lang.Error: Unresolved compilation problem:
    The literal 3167889954 of type int is out of range
    at Example2_2.main(Example2_2.java:3)
```

因此，要想表示 long 型的整数直接量，需要加后缀 l 或 L 才能正常通过编译，得到正确的输出结果。

```
long n=3167889954L;
```

例 2-3　创建 4 种类型整数并输出它们的和。

```
//Example2_3.java
public class Example2_3 {
    public static void main(String[] args) {
        byte testByte=123;
        short testShort=30562;
        int testInt=45763452;
        long testLong=46534765L;
        long result=testByte+testShort+testInt+testLong;    //加运算后将结果赋值给 result
        System.out.print("4个整数之和为："+result);            //输出4个数相加之和
    }
}
```

输出结果：

```
4个整数之和为：92328902
```

2. 浮点类型

浮点类型表示带小数部分的数据类型。与整数类型类似，浮点类型根据占用内存容量的大小分为单精度浮点型（float）和双精度浮点型（double），它们分别对应不同的取值范围，如表 2-3 所示。

表 2-3　浮点类型数据

数据类型	类型	字节数	数据位数	数据范围
单精度浮点数	float	4	32	1.4E-45 ～ 3.4028235E38
双精度浮点数	double	8	64	4.9E-324 ～ 1.7976931348623157E308

Java 语言默认小数为 double 型，因此定义 float 类型数据时需要在数值后面加上后缀 F 或 f，不加会报错，而 double 类型的数据可以选择性地加后缀 D 或 d。

例 2-4　float 类型数据值的表示。

```
//Example2_4.java
public class Example2_4{
    public static void main(String[] args) {
        float f=5.67f;        //float型的变量值需要在后面加f或F，否则出错
        double d=5.67;        //double型的直接量后加d或D，也可以不加
        System.out.println(f);
        System.out.println(d);
    }
}
```

输出结果：

```
5.67
5.67
```

例 2-5　创建两个浮点型变量并输出它们的和。

```
//Example2_5.java
public class Example2_5{
    public static void main(String[] args) {
        float f1=11.23f;                    //声明float型变量并赋值
        double d1=123.45d;                  //声明double型变量并赋值
        double d2=1234.5632;                //声明double型变量并赋值
        double result=f1+d1+d2;
        System.out.print("3个浮点数之和为："+result);        //输出3个浮点数相加之和
    }
}
```

输出结果：

```
3个浮点数之和为：1369.2431995422364
```

2.4.3　字符型数据

Java 语言的字符型数据是用单引号括起来的一个字符，占两个字节，使用关键字 char 声明。

字符型数据有以下 4 种表达形式：

（1）用 Unicode 码表示。用以 \u 开头的 4 位十六进制数表示，范围为从 '\u0000' 到 '\uFFFF'，一共可以表示 65536 个字符。例如字符型变量 c 的值为 ' A '，则可以写为：

```
char c= '\u0041';
```

（2）直接通过单个字符表示，例如：

```
char c= 'A';
```

（3）用整数表示字符。因为字符型的量在计算机内本质上保存的是一个两个字节的整数，所以字符型变量的取值也可以使用整型直接量（注意不能使用整型的变量）。例如：

```
char c= 65;
```

（4）通过转义字符表示。Java 语言也允许用转义字符表示一些特殊的字符，以反斜杠（\）开头，将其后的字符转变为另外的含义，而不是字符本身的含义，因此称为"转义"。例如转义字符"\n"的意思是"换行"，而不是字母"n"。表 2-4 所示为转义字符与其含义的对应关系。

表 2-4　转义字符及其含义

转义字符	含义
\b	退格（BS），将当前位置移到前一列
\n	换行（LF），将当前位置移到下一行开头
\r	回车（CR），将当前位置移到本行开头
\t	水平制表（HT）（跳到下一个 Tab 位置）
\\	代表一个反斜线字符
\'	单引号字符
\"	双引号字符
\0	空字符（NULL）
\ddd	1～3 位八进制数所代表的字符

在表 2-4 中，\ddd 是用 3 位八进制的格式表示字符，例如：

```
char c='\101';
```

例 2-6　字符型数据的用法。

```
//Example2_6.java
public class Example2_6{
    public static void main(String[] args) {
        char c1='a';
        char c2=97;
        char c3='\t';
        char c4='\u0061';
        System.out.println(c1);
        System.out.print(c2);
        System.out.print(c3);
        System.out.print(c4);
    }
}
```

输出结果：

```
a
a    a
```

2.4.4　布尔型数据

布尔型数据又称为逻辑型数据，逻辑值有两个：true 和 false，分别对应逻辑判断中的真和假，不能用非 0 或 0 代表，变量声明的关键字为 boolean，通常情况下在内存中占 1 个字节。布尔类型数据常用于流程控制语句中的条件判断。

布尔类型数据的声明与赋值如下：

```
boolean b=true;
```

2.5　运算符与表达式

运算是程序设计的主要功能之一，运算的过程离不开运算符、操作数与表达式。运算符为 +、- 等表示运算类型的符号，操作数为变量或常量等，由运算符与操作数组合起来的式子称为表达式。根据操作数个数的不同，运算符分为一元（单目）运算符、二元（双目）运算符和三元（三目）运算符，本节主要介绍 Java 语言中的各类运算符与表达式。

2.5.1　算术运算符与算术表达式

算术运算符与操作数组成的表达式称为算术表达式。Java 中常用的算术运算符如表 2-5 所示。其中 +、- 还可作为数据的正负号。

表 2-5　算术运算符与算术表达式

运算符	功能描述	表达式	结果
+	对运算符两边的操作数进行加操作（二元运算符）	12+13	25
-	对运算符两边的操作数进行减操作（二元运算符）	14-8	6
*	对运算符两边的操作数进行乘操作（二元运算符）	3.14*2	6.28
/	对运算符两边的操作数进行除操作（二元运算符）	5/2	2
%	对运算符两边的操作数进行取余数操作（二元运算符）	7%4	3
++	对运算符左边或右边的操作数进行加操作（一元运算符）	++a 或 a++	a+1
--	对运算符左边或右边的操作数进行减操作（一元运算符）	--a 或 a--	a-1

++ 运算符叫做自加运算符，只需要一个操作数，是一元（或单目）运算符。自加运算符在操作数左边和右边时的含义不同：++ 在变量左边时，先将变量值加 1，之后再将变量值参与表达式的运算；++ 在变量右边时，先将变量值参与表达式的运算，之后再将变量值加 1。

-- 称为自减运算符，运算过程与 ++ 相同，不同的是实现减操作。

例 2-7　自加运算符应用。

```
//Example2_7.java
public class Example2_7{
  public static void main(String[] args) {
    int a=10,b,c;
    b=a++;  //变量a先参与a++的运算，然后a自加，执行完，b的值为10，a的值为11
    c=++a;  //变量a先自加，然后参与++a表达式的运算
    System.out.println(b);
    System.out.println(c);
  }
}
```

输出结果：

```
10
12
```

例 2-8　自减运算符应用。

```
//Example2_8.java
public class Example2_8{
    public static void main(String args[]){
        int a=3,b=2,c,d;
        c=(--a)*3;        //a先自减，然后参与表达式的运算，执行完，a的值为2，c的值为6
        d=(b--)*3;        //b先参与表达式的运算，然后自减，执行完，b的值为1，d的值为6
        System.out.println(a);
        System.out.println(b);
        System.out.println(c);
        System.out.println(d);
    }
}
```

输出结果：

```
2
1
6
6
```

关于算术运算符有以下几点说明：

（1）++、-- 的操作数必须是变量，不能是常量和表达式。

（2）运算符 +、-、* 的使用方法与数学运算中的方法一致，此处不再赘述。

（3）/ 运算结果与数学中的除运算结果不完全一致，如果两个操作数都是整数时，则结果也为整数，如 5/2 = 2，5/12= 0，即遵循"向零取整"的原则；如果操作数中有一个是浮点数，则运算结果也为浮点数。

（4）% 运算符可以应用于浮点类型和整型，如果两边的操作数都为整型，结果也为整型。取余结果的符号与被除数一致，如 7%4=3，7%(-4)=3，(-7)%4=-3，(-7)%(-4)=-3。

2.5.2　关系运算符与关系表达式

关系运算符又称比较运算符，其与操作数组成的表达式称为关系表达式。关系运算符均为二元运算符，用于比较两个数据的大小或相等关系，关系表达式的结果为 boolean 类型数据。当运算符表达的关系成立时，表达式结果为 true，否则为 false。关系运算符经常在条件判断中使用。Java 中常用的关系运算符如表 2-6 所示。

表 2-6　关系运算符与关系表达式

运算符	功能描述	操作数据	表达式	结果
>	比较左操作数是否大于右操作数	数值型、字符型	'A'>'B'	false
<	比较左操作数是否小于右操作数	数值型、字符型	123<11	false
==	比较左操作数是否等于右操作数	基本数据类型、引用型	'a'=='a'	true
>=	比较左操作数是否大于等于右操作数	数值型、字符型	456>=123	true
<=	比较左操作数是否小于等于右操作数	数值型、字符型	456<=123	false
!=	比较左操作数是否不等于右操作数	基本数据类型、引用型	'm'!='n'	true

例 2-9　输出两个变量的比较运算结果。

```
//Example2_9.java
```

```
public class Example2_9{
    public static void main(String[] args) {
        int num1=10;
        int num2=20;
        //下面对两个变量分别使用关系运算符
        System.out.println("num1>num2的结果为: "+(num1>num2));
        System.out.println("num1<num2的结果为: "+(num1<num2));
        System.out.println("num1==num2的结果为: "+(num1==num2));
        System.out.println("num1>=num2的结果为: "+(num1>=num2));
        System.out.println("num1<=num2的结果为: "+(num1<=num2));
        System.out.println("num1!=num2的结果为: "+(num1!=num2));
    }
}
```

输出结果：

num1>num2的结果为: false

num1<num2的结果为: true

num1==num2的结果为: false

num1>=num2的结果为: false

num1<=num2的结果为: true

num1!=num2的结果为: true

2.5.3 逻辑运算符与逻辑表达式

逻辑运算符与操作数组成的表达式称为逻辑表达式。逻辑表达式的操作数与结果均为 boolean 类型数据。逻辑运算符经常与关系运算符配合使用构建较为复杂的逻辑表达式，Java 中常用的逻辑运算符如表 2-7 所示，表 2-8 所示为各类逻辑表达式的运算结果。

表 2-7　逻辑运算符与逻辑表达式

运算符	功能描述	说明
&&	与（二元运算符）	操作数全部为 true 时结果为 true，其他均为 false
&	不短路与（二元运算符）	作用与 && 相同，但不会短路
||	或（二元运算符）	操作数全部为 false 时结果为 false，其他均为 true
|	不短路或（二元运算符）	作用与 || 相同，但不会短路
^	异或（二元运算符）	操作数值不同则为 true，相同则为 false
!	非（一元运算符）	结果为操作数的相反值

表 2-8　逻辑表达式真值表

操作数		表达式				
a	b	a&&b	a||b	a^b	!a	!b
true	true	true	true	false	false	false
true	false	false	true	true	false	true
false	true	false	true	true	true	false
false	false	false	false	false	true	true

&& 采用"短路"的方式得出表达式结果。在使用 && 运算符时，先判断表达式左边操作数的值，如果为 true 则继续计算右边操作数的值；如果为 false 则表达式不再计算右

边操作数,直接返回 false,此种运算方式称为"短路"。"短路"可以更好地节省计算机资源,提高逻辑运算的速度,特别是在较为复杂的逻辑表达式中优化效果更加突出。"||"亦为"短路"运算符。

例 2-10 逻辑 && 的短路运算。

```
//Example2_10.java
public class Example2_10{
    public static void main(String args[]){
        int m=1,n=2;
        boolean b;
        b=m>n&&(m++>++n);   //&&运算符左侧m>n为false,右侧表达式不再参与运算
        System.out.println(m);
        System.out.println(n);
        System.out.println(b);
    }
}
```

输出结果:

```
1
2
false
```

& 称为无条件与运算符,| 称为无条件或运算符。也就是说使用 & 和 | 运算符可以保证不管左边的操作数是 true 还是 false,总要计算右边操作数的值。例如,计算 false & (12>23) 表达式的结果时,尽管从第 1 个操作数的值 false 就可以得出该表达式的结果为 false,但系统还是要进行 (12>23) 的运算。

例 2-11   & 运算。

```
//Example2_11.java
public class Example2_11{
    public static void main(String args[]){
        int m=1,n=2;
        boolean b;
        b=m>n&(m++>++n); //&运算符两侧表达式都要参与运算
        System.out.println(m);
        System.out.println(n);
        System.out.println(b);
    }
}
```

输出结果:

```
2
3
false
```

2.5.4 赋值运算符与赋值表达式

赋值运算符为变量指定某一个值,赋值运算符与操作数组成的表达式称为赋值表达式。前面例题中使用的 "=" 即为赋值运算符中的一员。表 2-9 所示为 Java 中常用的赋值运算符。

需要注意的是,如果要进行连等赋值,则以下写法是错误的:

```
int num1=num2=num3=10;
```

应该修改成：

```
int num1,num2,num3;
num1=num2=num3=10;
```

表 2-9　Java 中常用的赋值运算符

运算符	功能描述	示范
=	赋值运算符	a=10
+=	复合赋值运算符	a+=10 等价于 a=a+10
-=		a-=10 等价于 a=a-10
*=		a*=10 等价于 a=a*10
/=		a/=10 等价于 a=a/10
%=		a%=10 等价于 a=a%10

2.5.5　条件运算符与条件表达式

条件运算符是 "?:"，它要求有 3 个操作数，格式如下：

(布尔表达式)? 表达式1 : 表达式2

第一个操作数必须是布尔（逻辑）表达式，其他两个操作数可以是数值型或逻辑型表达式。条件运算符的含义是，当布尔表达式的值为 true 时，结果为表达式 1 的值，否则为表达式 2 的值。

例 2-12　使用条件运算符比较两个数并输出较大的数。

```
//Example2_12.java
public class Example2_12{
    public static void main(String args[]){
        int a = 12;
        int b = 36;
        int max = (a > b) ? a : b;
        System.out.println("两个数中较大的数为: "+max);
    }
}
```

输出结果：

两个数中较大的数为：36

2.5.6　其他运算符

除了以上 5 种运算符，Java 语言还提供了位运算符和移位运算符。

1. 位运算符

除 "按位与" 和 "按位或" 之外，其他位运算符的操作数必须是整数。Java 中常用的位运算符如表 2-10 所示。

表 2-10　Java 中常用的位运算符

运算符	功能描述	说明
&	按位与（二元运算符）	两操作数的每一位相与，任一同位值为 0，则该位结果为 0，其他结果为 1

续表

运算符	功能描述	说明
|	按位或（二元运算符）	两操作数的每一位相或，任一同位值为 1，则该位结果为 1，其他结果为 0
^	按位异或（二元运算符）	两操作数的每一位相与，任一同位值相同，则该位结果为 0，反之结果为 1
~	按位非（一元运算符）	操作数的每一位取反

计算机中数据都是以二进制补码的形式存在的，位运算是对两个操作数二进制补码的每一位进行运算。"&"和"|"完成逻辑运算时，与"逻辑与"和"逻辑或"结果是一致的，不同之处在于"&"和"|"不是"短路"运算。完成位运算时，可按照表 2-10 中的说明进行运算。需要注意的是，当两个操作数精度不同时，结果与高精度数一致。

```
System.out.println(5&6);        //输出4
System.out.println(5|6);        //输出7
System.out.println(5^6);        //输出3
System.out.println(~5);         //输出-6
```

2. 移位运算符

Java 中常用的移位运算符如表 2-11 所示。假设表中 a 的初值为 011010，b 的初值为 110010。

表 2-11　Java 中常用的移位运算符

运算符	功能描述	举例
>>	向右移	a>>2=000110，b>>2=111100
<<	向左移	a<<2=101000，b<<2=001000
>>>	无符号向右移	a>>>2=000110，b>>>2=001100

计算机中的带符号数均以补码形式存在，最高位为符号位，"0"为正数，"1"为负数。">>"和"<<"均为带符号移位，正数移位左右均补"0"即可；负数移位运算时遵循负数补码的移位原则，左移低位补"0"，右移高位补"1"。

```
System.out.println(5<<2);       //输出20
System.out.println(5>>2);       //输出1
System.out.println(-5>>2);      //输出-2
System.out.println(-5>>>2);     //输出1073741822
```

2.5.7　运算符的结合方向和优先级

Java 程序在开发的过程中往往混合使用多种运算符，操作数运算的先后顺序直接影响表达式的最终结果，因此读者在进行代码编写之前应熟悉运算符的结合方向和优先级。

Java 语言中大部分运算符是从左向右结合的，只有一元运算符（或叫单目运算符）、赋值运算符和三元运算符（或叫三目运算符）是由右向左结合的。其中，乘法和加法运算符两边的操作数是可以互换位置而不会影响结果的。

Java 中的运算符有不同的优先级，常用的运算符优先级见表 2-12，表中优先级由上到下依次递减，同级之间的运算符先处理左边的表达式。

Java 运算符的结合方向

表 2-12　Java 中常用运算符的优先级

优先级	运算符	举例
1	括号	()
2	正负号	+、-
3	一元运算符	++、--、!
4	乘除	*、/、%
5	加减	+、-
6	移位运算	>>、>>>、<<
7	比较大小	<、>、>=、<=
8	比较是否相等	==、！=
9	按位与运算	&
10	按位异或运算	^
11	按位或运算		
12	逻辑与运算	&&
13	逻辑或运算	||
14	三元运算	?:
15	赋值运算	=

2.6　基本类型的类型转换

在 Java 程序中，不同基本类型的值运算时需要进行相互转换，有两种不同的类型转换方式：自动类型转换和强制类型转换。

2.6.1　自动类型转换

例 2-13　错误的赋值。

```
//Example2_13.java
public class Example2_13{
    public static void main(String[] args) {
        byte a=10;
        byte b=10;
        byte c;
        c=a+b;
        System.out.println(c);
    }
}
```

输出结果：

```
Exception in thread "main" java.lang.Error: Unresolved compilation problem:
    Type mismatch: cannot convert from int to byte
    at Example2_13.main(Example2_13.java:7)
```

产生这种现象的原因是变量 a 和 b 在进行加法运算时自动地进行了数据类型转换，转换后的类型是 int 类型，再将其赋给一个比它类型低的 byte 变量时自然会出错。

把一个低级类型的数据（指数据范围小、精度低）直接赋给另一个高级类型的变量（指数据范围大、精度高），这种方式称为自动类型转换，否则就需要强制类型转换。

　　自动类型转换的具体方式如图 2-1 所示。

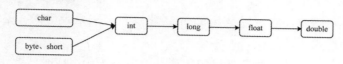

图 2-1　自动类型转换

　　需要注意以下几点：

　　（1）Java 语言规定 byte、short、char 三种类型的数据在进行算术运算时会自动转换成 int 类型。

　　（2）boolean 类型不能与其他类型之间相互转换。

　　在例 2-13 中，可以将接收 a+b 运算结果的 c 变量定义成 int、float、double 类型，这样就不会出错了，而且还能输出正确的结果，也可以通过强制类型转换来完成。

2.6.2　强制类型转换

　　强制类型转换的一般格式为：

```
(类型名)表达式
```

　　在例 2-13 中，如果希望把完成加法运算之后的数值赋值给左侧的 byte 类型的变量 c，而不报错，则必须进行强制类型转换，即 c=(byte)(a+b)。

　　注意：使用强制类型转换可能会导致数值溢出或数据精度的下降，应尽量避免使用。

　　如有程序段：

```
short m=(short)32768;
System.out.println(m);    //溢出，输出结果为-32768
```

2.7　流程控制

　　无论何种编程语言，程序的控制结构都包括 3 种：顺序结构、分支结构和循环结构。顺序结构就是程序从上到下逐行执行，中间没有任何的判断和跳转。但是 Java 程序在运行的过程中并不是一直由上到下逐条运行每条语句的，有时根据功能的需要 Java 程序可能会选择性地执行某些语句或者跳过某些语句，控制结构能够实现这些功能，本节将会进行详细介绍。

2.7.1　分支结构

　　Java 提供了两种常见的分支控制结构：if 条件语句和 switch 分支语句。

1. if 条件语句

　　if 条件语句用于告诉程序在某种条件成立的情况下执行某些特定语句，其他情况下则执行另外的语句。特定条件成立的判断依据为括号内布尔表达式的值是否为真，如果为真，则执行紧跟在 if 之后的语句，若为假则不执行该条语句。if 条件语句可分为：简单 if 语句、if...else 语句、if...else if 多分支语句。

　　（1）简单 if 语句。简单 if 语句的格式如下：

```
if(布尔表达式){
    语句序列
}
```

布尔表达式是必选项，它可以是 boolean 类型变量、关系表达式、逻辑表达式或是三者组合成的复杂表达式。

语句序列与"{}"为选填项，当语句序列是由多条语句组成时，要用"{}"括起来；当只有一条语句时，"{}"可以省略，但为了使程序结构清晰，建议在任何情况下都写上；当没有语句序列时，如果省略"{}"，则需要在")"后面加上";"以便结束 if 语句。以下 3 种写法都是正确的。

```
if(布尔表达式);
if(布尔表达式)
    单条语句
if(布尔表达式){}
```

例 2-14　简单 if 语句判断两数的大小。

```
//Example2_14.java
public class Example2_14{
    public static void main(String[] args) {
        int a=123;
        int b=456;
        if(a>=b)
            System.out.println("a>=b");  //if语句体中如果只有一条语句，则"{}"可以省略
        if(a<b) {
            System.out.println("a<b");    //if语句体中如果只有一条语句也使用"{}"，建议使用此种方式
        }
    }
}
```

输出结果：

```
a<b
```

例 2-14 中简单 if 语句的执行过程如图 2-2 所示。

（2）if...else 语句。if...else 语句是最常见的条件判断语句，其与简单 if 语句的区别在于，布尔表达式值为假时，if...else 语句将会执行紧跟在 else 后的语句。if...else 语句省略"{}"的方法与简单 if 语句一致。

if...else 语句的格式如下：

```
if(布尔表达式){
    语句序列1
}
else{
    语句序列2
}
```

例 2-15　if...else 语句判断两数的大小。

```
//Example2_15.java
public class Example2_15{
    public static void main(String[] args) {
        int a=123;
        int b=456;
        if(a>=b){
            System.out.println("a>=b");
```

```
        }
        else {
            System.out.println("a<b");
        }
    }
}
```

输出结果：

```
a<b
```

例 2-15 中 if...else 语句的执行过程如图 2-3 所示。对比图 2-2 和图 2-3 可知，if...else 语句中布尔表达式的值无论真假，均执行关键字后对应的复合语句，而简单 if 语句仅在布尔表达式为真时才执行 if 后面的复合语句。

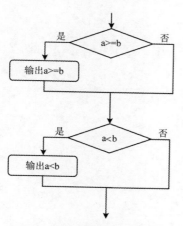

图 2-2   简单 if 语句的执行过程

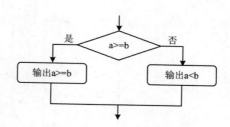

图 2-3   if...else 语句的执行过程

（3）if...else if 多分支语句。可以将 if...else if 多分支语句理解为是多个 if...else 语句的组合嵌套，上一层 else 紧跟的 "{}" 内为下一层 if...else 语句，语义上可以理解为满足条件 1 做何种处理，满足条件 2 做何种处理，依此类推，逐层嵌套。

if...else if 多分支语句的格式如下：

```
if(布尔表达式1){
    语句序列1
}
else if(布尔表达式2){
    语句序列2
}
else if(布尔表达式3){
    语句序列3
}
...
else if(布尔表达式n){
    语句序列n
}
```

例 2-16   if...else if 语句判断成绩的等级。

```
//Example2_16.java
public class Example2_16{
    public static void main(String[] args) {
        int a=73;
```

```
if(a==100){
    System.out.println("满分");
}
else if(a>=90){
    System.out.println("优秀");
}
else if(a>=75){
    System.out.println("良好");
}
else if(a>=60) {
    System.out.println("及格");
}
else {
    System.out.println("不及格");
}
}
}
```

输出结果：

及格

例 2-16 中 if...else if 语句的执行过程如图 2-4 所示。

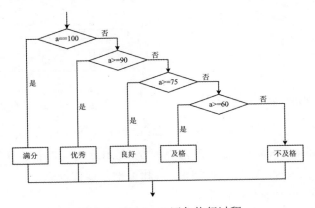

图 2-4　if...else if 语句执行过程

2. switch 分支语句

使用 if...else if 能够完成多选一的题目，但当选择很多时，程序代码将会变得非常多，if...else if 的嵌套很容易出现层次错误，且查错非常困难。switch 分支语句的出现则解决了这个问题。JDK13 对 switch 语句的用法进行了优化，并且这个优化是向下兼容的。为方便读者理解与掌握，现介绍 switch 语句的基本格式，如下：

```
switch(表达式){
    case 值1:
        语句序列1
        [break;]
    case 值2:
        语句序列2
        [break;]
    case 值3:
        语句序列3
        [break;]
    ...
```

```
case 值n:
    语句序列n
    [break;]
default:
    语句序列n+1
    [break;]
}
```

switch 语句中表达式、值 1～值 n 的值只能是整型（除 long）、字符或字符串类型，break 语句是可选项。假设表达式的值与值 2 相等，则执行语句序列 2，直到遇到 break 语句为止，跳出 switch 语句。也就是说，如果语句序列 2 后面没有 break 语句，那么将继续执行语句序列 3 以及后面的语句序列，直到出现 break 语句，停止运行。若表达式的值与值 1 到值 n 中的值都不相等，则执行 default 后面的语句序列 n+1，如果 switch 语句中没有 default，那么程序直接跳出 switch 语句，不进行任何操作。图 2-5 所示为 switch 语句的执行过程。

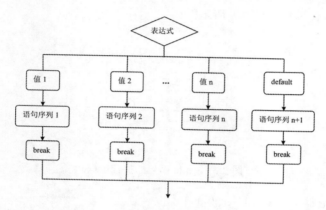

图 2-5　switch 语句的执行过程

例 2-17　用 switch 语句判断星期几。

```
//Example2_17.java
public class Example2_17{
    public static void main(String[] args) {
        int a=6;
        switch(a) {
            case 1:System.out.println("星期一");break;
            case 2:System.out.println("星期二");break;
            case 3:System.out.println("星期三");break;
            case 4:System.out.println("星期四");break;
            case 5:System.out.println("星期五");break;
            case 6:System.out.println("星期六");break;
            case 7:System.out.println("星期日");break;
        }
    }
}
```

输出结果：

星期六

2.7.2　循环结构

编写 Java 程序的过程中存在需要多次重复执行同一种语句的情况，在程序实践中为了简化代码，提出了循环的概念，通过循环语句可实现在满足某种条件的前提下重复执行一段语句序列的操作。Java 语言提供了 while 循环、do...while 循环、for 循环等，foreach 也是 Java 语言中的循环语句，经常用来实现数组的遍历。

1. while 循环

while 循环的格式如下：

```
while(布尔表达式){
   语句序列
}
```

while 循环每次执行循环体（格式中 {} 括起来的语句序列部分）之前，先判断循环条件（布尔表达式）的值，如果为 true，则执行循环体语句部分，执行一次之后再重新判断循环条件，直到其值为假，则跳出循环。由此可知，如果循环条件一开始就为 false，那么循环体部分一次也不会执行。

while 循环的执行过程如图 2-6 所示。

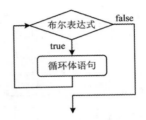

图 2-6　while 循环的执行过程

例 2-18　while 循环计算 1 ~ 100 的和。

```
//Example2_18.java
public class Example2_18{
   public static void main(String[] args) {
      int a=1;
      int sum=0;
      while(a<=100) {
         sum=sum+a;   //while循环计算1~100的和
         a++;
      }
      System.out.print("1~100的和为："+sum);
   }
}
```

输出结果：

```
1~100的和为：5050
```

2. do...while 循环

do...while 循环会先执行一次循环体语句，之后再根据布尔表达式的值判断是否执行循环体语句。它与 while 循环的区别在于：do...while 循环的循环体语句至少会被执行一次，而 while 循环的循环体语句有可能一次也不被执行。

do...while 循环的格式如下：

```
do{
   语句序列
}while(布尔表达式);
```

注意：do...while 循环最后面有一个 "；"。

do...while 循环的执行过程如图 2-7 所示。

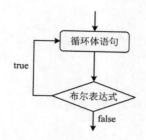

图 2-7　do...while 循环的执行过程

例 2-19　do...while 循环计算 1 ～ 100 的和。

```java
//Example2_19.java
public class Example2_19{
    public static void main(String[] args) {
        int a=1;
        int sum=0;
        do {
            sum=sum+a;
            a++;
        }while(a<=100);
        System.out.print("1～100的和为："+sum);
    }
}
```

输出结果：

1～100的和为：5050

3. for 循环

for 循环更加简洁，是 Java 语言中使用频率最高的循环语句。通常情况下，for 循环可以代替 while 循环和 do...while 循环。

for 循环的格式如下：

```
for(循环变量初始化;循环条件;循环变量调整语句){
    语句序列
}
```

for 循环语句执行时，先进行循环变量的初始化，即设置循环变量的初值，且只执行一次。然后判断循环条件是否成立，如果循环条件为 true，则执行循环体语句。循环体语句执行结束后，执行循环变量调整语句，用来控制循环变量的变化。每次执行循环体语句之前都要先判断循环条件是否成立，因此，循环条件总比循环体部分要多执行一次，因为最后一次执行循环条件返回 false，将不再执行循环体部分。

for 循环的执行过程如图 2-8 所示。

例 2-20　for 循环计算 100 以内奇数的和。

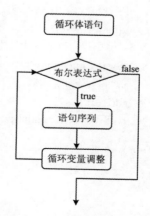

图 2-8　for 循环的执行过程

```java
//Example2_20.java
public class Example2_20{
  public static void main(String[] args) {
    int sum=0;
    for(int a=1;a<100;a+=2){
      if(a%2!=0)      //判断是否为奇数
        sum=sum+a;
    }
    System.out.print("100以内奇数的和为："+sum);
  }
}
```

输出结果：

100以内奇数的和为：2500

for 循环需要注意以下几点：

- for 循环条件部分的 3 个表达式之间用分号分隔。
- 花括号中的语句序列即循环体部分如果是多条语句，则用 {} 括起来；当只有一条语句时，可以不用花括号。但为了使程序结构清晰，建议在任何情况下都写上花括号。
- for 循环的 3 个表达式可全部为空，但需要保留分隔符";"，当 3 个表达式全部为空时，for 循环将无限循环下去，直到遇到循环控制语句（下一小节中详细介绍）才会退出循环。

4. 循环的嵌套

for 循环、while 循环和 do...while 循环它们的循环体部分都可以为空，也可以嵌套。嵌套循环由一个外层循环和一个或多个内层循环组成。每当外层循环重复时，就重新进入内部循环，重新计算它的循环控制参数。如果外层循环的循环次数为 n，内层循环的循环次数为 m，且循环体语句部分没有控制循环结束的语句，那么内层循环的循环体语句实际需要执行 n*m 次。

例 2-21　使用 for 循环的嵌套输出九九乘法表。

```java
//Example2_21.java
public class Example2_21{
  public static void main(String[] args){
    //i控制输出的行数
    for(int i=1;i<10;i++){
      //j控制每行输出的乘法表达式的个数
      for(int j=1;j<=i;j++) {
        //输出行内每个表达式的具体内容
        System.out.print(j+"*"+i+"="+i*j+" ");
        //当 i等于 j时，该行内容输出完毕，换行
        if(i==j) {
          System.out.println();
        }
      }
    }
  }
}
```

输出结果：

```
1*1=1
1*2=2  2*2=4
1*3=3  2*3=6  3*3=9
1*4=4  2*4=8  3*4=12  4*4=16
1*5=5  2*5=10  3*5=15  4*5=20  5*5=25
1*6=6  2*6=12  3*6=18  4*6=24  5*6=30  6*6=36
1*7=7  2*7=14  3*7=21  4*7=28  5*7=35  6*7=42  7*7=49
1*8=8  2*8=16  3*8=24  4*8=32  5*8=40  6*8=48  7*8=56  8*8=64
1*9=9  2*9=18  3*9=27  4*9=36  5*9=45  6*9=54  7*9=63  8*9=72  9*9=81
```

5. foreach 循环

foreach 循环语句是 JDK5.0 后的版本增加的，常用来遍历数组和集合，遍历时无须获得数组和集合的长度，无须根据索引来访问数组元素和集合元素，简化了循环语句的书写。

例 2-22　使用 foreach 循环语句输出数组元素。

```java
//Example2_22.java
public class Example2_22{
    public static void main(String args[]){
        float[] a={27f,35.6f,57.2f,56.7f,88.6f};
        for(float m:a){
            System.out.print(m+"\t");
        }
    }
}
```

输出结果：

```
27.0    35.6    57.2    56.7    88.6
```

2.7.3　循环控制

循环控制通过 break 语句、continue 语句控制循环的跳转顺序，当然使用 return 语句可以结束整个方法，也就结束了循环（下一章将详细介绍）。

1. break 语句

在 switch 语句的学习中已经出现过 break 语句，可见 break 的一个作用是跳出 switch 语句。break 语句也可以作为循环控制语句，作用为跳出本层循环。break 语句在 while、do...while、for 三种循环中均可使用。对于单层循环来说，break 语句的作用是直接结束整个循环，执行循环体外的后续语句。当出现循环嵌套时，break 的作用为跳出本层循环，但外层循环依然继续执行。

例 2-23　使用 break 跳出整个循环。

```java
//Example2_23.java
public class Example2_23{
    public static void main(String[] args){
        int i;
        for(i=1;i<=10;i++){
            if(i%3==0) break;
            System.out.println("i="+i);   //当i=3时，跳出整个循环，该条语句不再执行
        }
        System.out.println("退出循环时：i="+i);   //跳出for循环后执行本条语句
    }
}
```

输出结果：

```
i=1
i=2
退出循环时：i=3
```

例 2-24　使用 break 跳出内层循环。

```java
//Example2_24.java
public class Example2_24{
  public static void main(String[] args){
    int i,j;
    for(i=1;i<3;i++) {
      for(j=1;j<=10;j++){
        if(j==4) break;    //当j等于4时退出内层循环，再判断执行外层循环
        System.out.println("i="+i+" j="+j);
      }
      System.out.println();    //内层循环执行结束，换行
    }
    System.out.println("退出循环时：i="+i);
  }
}
```

输出结果：

```
i=1 j=1
i=1 j=2
i=1 j=3

i=2 j=1
i=2 j=2
i=2 j=3

退出循环时：i=3
```

通过例 2-24 可以看出，外层循环每执行一次，内层循环都需要执行 3 次（此处由条件"if(j==4) break;"控制内层循环的次数），直到外层循环结束。

break 语句配合语句标签可以实现跳出外层循环，将例 2-24 更改得到例 2-25。

例 2-25　break 语句配合语句标签实现跳出外层循环。

```java
//Example2_25.java
public class Example2_25{
  public static void main(String[] args){
    int i,j;
    loop:for(i=1;i<3;i++) {
      for(j=1;j<=10;j++){
        if(j==4) break loop;
        System.out.println("i="+i+"j="+j);
      }
      System.out.println();    //该条语句执行不到
    }
    System.out.println("退出循环时：i="+i);
  }
}
```

输出结果：

```
i=1 j=1
```

```
i=1 j=2
i=1 j=3
退出循环时：i=1
```

Java 语言允许为循环标注标签。在例 2-25 中为外层 for 循环标注了 loop 标签，在内层 for 循环中当 j 等于 4 时，程序遇到一个 "break loop;" 语句，这行代码不是结束 break 所在的内层循环，而是结束 loop 标签所指定的循环（即外层循环），所以看到的是上面的输出结果。

需要注意的是，break 后的标签必须是一个有效的标签，即这个标签必须在 break 语句所在的循环之前定义。

2. continue 语句

continue 语句的作用为跳出本次循环。当在循环体内执行到 continue 时，continue 之后的语句便不再执行，表示终止当前这轮循环体的执行，直接进入下一轮循环。continue 也可以配合语句标签使用，使用方法与 break 一致，这里不再赘述。

例 2-26　使用 continue 语句输出 1 ～ 10 以内的偶数。

```java
//Example2_26.java
public class Example2_26{
    public static void main(String[] args) {
        for(int i=0;i<10;i++) {
            if(i%2!=0)  continue; //如果是奇数则跳出本次循环
            System.out.print(i+"\t");
        }
    }
}
```

输出结果：

```
0    2    4    6    8
```

2.8　数据的接收：Scanner 类

经过本章前面内容的学习，我们应该对 System.out.print() 和 System.out.println() 非常熟悉了，这两条语句是 Java 语言的输出语句，可以将数据内容输出到控制台上。细心的读者会发现，我们之前例子中的变量全部是在程序中明确赋值之后再进行处理。通过之前学习到的知识我们仅学会了如何从控制台输出内容，却无法获取用户输入的内容。Scanner 类提供了与用户实现交互的方法，如表 2-13 所示。

Scanner 类
操作举例

表 2-13　Scanner 类常用的成员方法

方法及返回类型	说明
void close()	关闭扫描器
boolean hasNext()	如果此扫描器的输入中有另一个标记，则返回 true
boolean hasNextLine()	如果此扫描器的输入中有另一行，则返回 true
String next()	查找并返回来自此扫描器的下一个完整标记
String nextLine()	此扫描器执行当前行并返回跳过的输入信息
Scanner reset()	重置此扫描器
String toString()	返回此扫描器的字符串表示形式

JDK 中包含了很多具有强大功能的类，这些类按功能的不同封装在不同的包内，书写 Java 程序的时候用户可以通过导入的方式直接使用这些具备特定功能的类。

Java 源程序中导入类的格式如下：

```
import package1[.package2...].classname;
```

以上格式中的 import 为 Java 语言中的关键字，package1、package2 是引入的外部包名，classname 为具体的功能类名。包名与类名之间用"."连接，且导入的类与包必须是包含关系。包名 package1、package2 与类名 classname 均为展示名称，在正式编写 Java 源程序时需要替换成真正引入的包名与类名。

需要注意的是，如果 Java 源程序中要调用 java.lang 包中的任意类，则不需要显式导入该包。第 1 章讲到的"Hello World"程序中使用了"System.out.print();"语句，System 类是 java.lang 包中的一个类，因此"Hello World"程序中并没有导入 java.lang 包。导入语句的最后一部分可以是一个具体的类名或者是"*"。

Scanner 类是 java.util 包下的一个类，自定义类内调用其他类的成员方法需要进行相应的导入，因此如果要在自定义类内使用 Scanner 类，则需要通过如下代码进行导入：

```
import  java.util.Scanner;
```

或者

```
import  java.util.*;
```

Scanner 类中的方法需要通过 Scanner 类的对象调用（对象将在第 3 章中讲解），例 2-27 演示了如何使用 Scanner 类实现获取用户的输入。

例 2-27　Scanner 类获取用户输入的内容。

```
//Example2_27.java
import java.util.Scanner; //导入util包中的Scanner类
public class Example2_27{
    public static void main(String[] args){
        System.out.println("请输入数据：　"); //提示用户输入数据
        Scanner sc=new Scanner(System.in);   //创建Scanner类对象，接收键盘上输入的数据
        int i=sc.nextInt();                   //调用nextInt()方法转换成int型
        System.out.println("刚才输入的是：　"+i);    //输出获取的值
        String s=sc.next();                   //调用next()方法
        System.out.println("刚才输入的是：　"+s);    //输出获取的值
        double d=sc.nextDouble();             //调用nextDouble()方法转换成double型
        System.out.println("刚才输入的是：　"+d);    //输出获取的值
        sc.close();                           //关闭输入流，释放内存
    }
}
```

输出结果：

```
请输入数据：
100
刚才输入的是：100
string
刚才输入的是：string
5
刚才输入的是：5.0
```

nextInt() 和 next() 方法的区别如下：

● next() 方法是从遇见第一个有效字符（非空格、非 Tab 键、非换行符）时开始扫描，

直到遇见第一个分隔符或结束符（空格、Tab 键、换行符）时结束扫描，获取扫描到的内容，即获得第一个扫描到的不含空格、Tab、换行符的单个字符串。

- nextLine() 方法可以扫描到一行内容（包括空格、Tab 键），且内容作为一个字符串而被获取到。

本小节没有讲解到的 Scanner 类的成员方法还有很多，读者可以通过阅读相关资料进行了解。

本章小结

通过本章的学习，读者应掌握 Java 程序的基本格式和书写规范、Java 语言使用的 Unicode 字符集、标识符的书写标准及其与关键字的区别；熟练掌握变量和常量的声明与赋值、Java 的 8 种基本数据类型及其对应的存储空间、数值类型之间的自动转化机制，会计算各类运算表达式；了解 Java 的控制语句：条件语句、循环语句、循环控制语句；熟练掌握简单 if 语句、if...else 语句、if...else if 语句、switch 语句、while 循环、do...while 循环、for 循环语句的使用；学会通过 break、continue 控制循环语句；掌握 Java 语言编辑、编译、运行的过程。

练习 2

一、简答题

1. Java 语言对标识符的书写规定有哪些？
2. Java 注释要注意的事项有哪些？
3. 常用的 Java 命名书写规范有哪些？
4. Java 中的基本数据类型有哪些？

二、选择题

1. 以下标识符中不正确的是（　　）。
   A．Test　　　　　B．$red　　　　　C．&num_　　　　　D．_sum
2. Java 使用的字符集为（　　）。
   A．ASCII　　　　B．Unicode　　　　C．GB2312　　　　D．GB18030
3. 判断某个类为主类的方法是（　　）。
   A．有 public 修饰符　　　　　　B．有 private 修饰符
   C．有 static 修饰符　　　　　　D．有 main 方法
4. 以下给常量赋值的语句中正确的是（　　）。
   A．static int a=10;　　　　　　B．float num=3.56;
   C．final double N=3.14;　　　　D．byte m=34;
5. 在编写 Java 程序时，若需要使用 Scanner 类，必须在程序的开头写上（　　）语句。
   A．import java.awt.*;　　　　　B．import java.util.*;
   C．import java.io.*;　　　　　　D．import java.Swing.*;

6. byte 类型变量与 long 类型变量相加的结果为（　　）类型。

    A．int　　　　　　　B．float　　　　　　　C．long　　　　　　　D．byte

7. 以下运算符中优先级低于 "==" 的是（　　）。

    A．()　　　　　　　　B．++　　　　　　　　C．*　　　　　　　　　D．=

8. 假设 a=10，b=12，表达式 a==10&&a>b?a++:b++ 的值为（　　）。

    A．10　　　　　　　　B．11　　　　　　　　C．12　　　　　　　　D．13

9. 下列数据类型中，不能作为 switch 语句中表达式结果的是（　　）。

    A．int　　　　　　　B．long　　　　　　　C．char　　　　　　　D．byte

10. 关于循环结构，以下描述正确的是（　　）。

    A．无论循环判断条件是否为真，while 循环总会执行一次循环体语句

    B．for 循环的循环条件中，3 个表达式不可以全部为空

    C．for 循环内部只能嵌套 for 循环，不能嵌套 while 循环

    D．break 语句的作用为跳出本层循环

三、编程题

1. 从键盘上读入一个员工的绩效分数（百分制）并存放在变量 work 中，根据 work 的值输出其对应，绩效等级：score ≥ 90，等级：A；70 ≤ score<90，等级：B；60 ≤ score<70，等级：C；score<60，等级：D。要求使用 switch 语句实现。

2. 在屏幕上打印如图 2-9 所示的图案。

```
********
 *******
  ******
   *****
    ****
     ***
    ****
   *****
  ******
 *******
********
```

图 2-9　编程实现图案输出

第 3 章　类和对象

本章导读

　　类和对象是面向对象程序设计的核心。本章主要介绍 Java 程序中类和对象的概念、类的定义、构造器的定义、方法成员与成员变量的使用、类成员的修饰符、类的封装、包的创建和使用等内容。读者应在理解类的相关概念的基础上掌握面向对象程序设计的思想、类的设计方法和设计过程。

本章要点

- 认识类和对象。
- 类的构造器。
- 方法的定义和调用。
- 方法的重载。
- 成员变量和局部变量。
- this 关键字。
- 类成员的修饰符。
- 类的封装。
- 包的创建和使用。
- final 修饰变量。

3.1　类和对象概述

　　面向对象程序设计的思想与人类的思维方式具有很强的一致性，它直接从现实世界中客观存在的事物出发来思考、认识和分析问题，并根据这些事物的本质特点把它们抽象为类，作为程序的基本构成单元。类是面向对象程序设计的基础，是 Java 的核心和本质所在。

3.1.1　类和对象的概念

　　类用于描述客观世界中某一类对象的共同特征，是某一类对象本质特点的抽象。对象是类的具体实例，是看得见、摸得着的客观存在。

1. 对象

　　现实世界中的对象，例如某个人具有身高、体重等状态，能够进行唱歌、打球等活动；鸟有颜色、品种等状态，还具有飞和叫等行为；汽车有颜色、排气量、轴距等状态，能够进行换挡、刹车等操作。因此，总结现实世界中的对象，会发现它总有两个特征：状态和行为。

那么，在 Java 语言中如何表示现实世界中的对象呢？

Java 语言将现实世界中对象的状态保存在数据字段（又称为成员变量或属性）中，对象的行为由操作数据的方法来实现，如图 3-1 所示。一个对象的属性值决定了对象所处的状态，对象的操作方法决定了对象的行为能力。

图 3-1　对象的组成

也就是说，Java 中的对象是把数据及其相关方法封装在一起所构成的实体，数据是对象的属性，方法是作用在数据上的操作，用来实现特定的功能。

2．类

现实世界中的任何对象都是属于某个类的，例如李红、王明属于人类，具有人类的特征；大雁、喜鹊属于鸟类，具有鸟类的特征；奥迪、宝马属于汽车类等。

与现实世界类似，Java 语言中，任何一个对象也属于某一个类。类用于描述多个对象的共同特征，是一种抽象的数据类型，由这种类型所定义的变量统称为引用变量，也就是说类是引用类型。

在 Java 语言中创建了一个新类，就是创建了一种新的数据类型。在程序中，类只定义一次，但可以创建类的一个或多个对象，对象是类的实例化。

面向对象的编程思想实际上就是尽可能地运用人类的自然思维方式将现实世界中事物的形态转换为 Java 程序中对事物的描述。从本质上来说，学习 Java 语言就是学习类与对象的设计，使现实世界中的事物与程序中的类和对象直接对应。

因此，可以将 Java 程序的设计分为以下 3 步：

（1）在要解决的问题空间中"找对象"。

（2）对对象中的状态和行为进行概括和总结（即抽象）得到"类"。

（3）在程序中使用类，即进行类的"实例化"得到对象。

如图 3-2 所示是利用面向对象的编程思想，按照上述 Java 程序设计的步骤将现实世界中的狗与程序中的 Dog 类及其对象相对应的分析过程。

3.1.2　定义类

类是 Java 语言中一种重要的复合数据类型，是组成 Java 程序的基本要素。

Java 语言中，定义一个类的简单语法是：

```
[修饰符] class 类名{
    零个或多个成员变量(数据字段)
    零个或多个构造器
    零个或多个方法
}
```

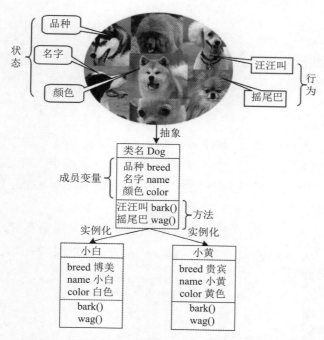

图 3-2 现实世界中的事物与 Java 程序中的类和对象

说明如下：

（1）类前面的修饰符可以是 public、final、abstract，也可以缺省。

（2）class 是定义类的关键字。

（3）类名要符合标识符的命名规则。如果类名是由多个单词组成的，每个单词的首字母要大写，其他字母全部小写。

（4）类体部分可以定义零个或多个成员。成员变量用于定义该类所包含的数据，方法用于定义该类的行为特征或者功能的实现，构造器用于构造该类的实例，Java 语言通过 new 关键字调用构造器实例化类的一个或多个对象。

3.1.3 创建与使用对象

创建一个对象的语法是：

类名 变量名 = new 类名([实参列表]);

声明 People 类的一个引用变量 p，格式为"类名 变量名;"，声明并不为对象分配内存空间：

People p;

使用关键字 new 创建 People 类的一个对象,并将其赋给 p 变量,使"引用"关联到"对象"：

p=new People();

此时会为对象分配内存空间，一个类的不同对象分别占据不同的内存空间。

上面对象的声明和实例化的代码可以简写成：

People p=new People();

成员变量和方法可以通过设定访问权限来限制其他对象对其访问。如果访问权限允许，可以通过运算符"."实现对对象的成员变量的访问和方法的调用。

引用对象成员变量的格式为：

对象名.成员变量名

例如：

p.name="李红";

引用对象方法的格式为：

对象名.方法名(实参列表)

例如：

p.selfInfo();

【案例1】编写一个 Java 程序，程序运行后输出李红、王明两人的姓名、年龄等个人信息。

（1）设计类。分析该程序涉及李红和王明两个人，这两个人就是程序中的对象。根据 Java 程序的编程要求，要将这两个人进一步抽象为类（class People），而李红和王明是 People 类的两个实例。

根据题意，该"人类"至少要有姓名和年龄两个属性（成员变量），要有一个方法用来介绍个人的相关信息（selfInfo 方法）。因此，"人类"可以用如下的形式来描述：

```
人类{
    姓名;
    年龄;
    个人信息介绍(){
        我的名字是***;
        年龄是**岁;
    }
}
```

（2）程序解析。

```
//PeopleInstance.java
class People{
    //声明两个成员变量，即姓名和年龄
    String name;
    int age;
    //输出个人信息的方法
    void selfInfo(){
        System.out.println("我的名字是"+name);
        System.out.println("年龄是"+age+"岁");
    }
}
//PeopleInstance类中使用已经定义好的People类
public class PeopleInstance{
    public static void main(String  args[ ]){
        People p1 = new People();
        p1.name = "李红";          //给p1的姓名赋值
        p1.age = 18;               //给p1的年龄赋值
        p1.selfInfo();             //通过调用selfInfo方法输出个人信息
        People p2 = new People();
        p2.name = "王明";
        p2.age = 20;
        p2.selfInfo();
    }
}
```

如果一个源程序（.java 文件）是由多个 class 类组成的，那么只能有一个修饰符为 public 的类，此时文件名与该类名必须保持一致（如果一个类中包含了 main 方法，那么此时只能是这个类被 public 修饰）。例如案例 1 需要保存成名称为 PeopleInstance 的 Java 文件。源程序中定义了几个类，程序编译后就会生成几个对应的字节码文件（.class 文件）。

【案例 2】编写一个 Java 程序，程序运行后，张强除了要介绍自己的姓名和年龄外，还要表达出 Java 语言简单易学的想法。

```java
//PeopleTest.java
class People{
    String name;
    int age;
    void think( String content){
        System.out.println("我的名字是"+name);
        System.out.println("今年"+age+ "岁了");
        System.out.println("我认为"+content);
    }
}
//定义主类，实例化对象
class PeopleTest{
    public static void main(String  args[ ]){
        People p=new People();   //创建一个实例对象p
        p.name= "张强";
        p.age=20;
        p.think("Java语言简单易学。");//字符串作为参数传递给content，输出要表达的内容
    }
}
```

3.1.4 构造器

设计 Java 程序从本质上来说，就是设计与解决的问题相关的一个个类。类设计好了以后，在程序中就可以使用类来实例化对象。Java 语言通过 new 关键字来调用构造器完成对象的实例化。

构造器又称构造方法。它是一种特殊的方法，因为 Java 程序中的每个类都要有构造方法，并且构造方法与一般方法相比有如下特性：

- 构造方法的方法名必须与类名完全一致。
- 构造方法也是一个方法，但是不能有返回值，因为它的主要作用是初始化对象。
- 构造方法在实例化（new）对象时被调用。
- 构造方法除了在 Java 编译时自动产生之外，也可自行编写。

1. 默认构造方法

如果一个 Java 类没有显式地定义构造方法，则该类在编译时 Java 编译器会自动加上一个默认的构造方法。默认的构造方法非常简单，其格式如下：

```
类名(){ }
```

由此可知，默认的构造方法没有参数，方法体为空。

例如前面案例 1 中没有显式地定义构造方法，那么编译时会自动添加一个无参的、方法体为空的构造方法，这样当实例化对象时调用无参的构造方法 People() 才是合理的。

```java
class People{
    String name;
    int age;
    People(){ }    //编译时自动添加的无参的、方法体为空的构造方法
```

```
    void selfInfo(){
        System.out.println("我的名字是"+name);
        System.out.println("年龄是"+age+"岁");
    }
}
//PeopleInstance类中使用已经定义好的People类
public class PeopleInstance{
    public static void main(String  args[ ]){
        People p1 = new People();    //调用无参的构造方法创建一个对象p
        p1.name = "李红";             //给p1的姓名赋值
        p1.age = 18;                 //给p1的年龄赋值
        p1.selfInfo();               //通过方法的调用输出个人信息
    }
}
```

2. 根据需要自定义构造方法

带参数的构造方法是由用户自定义的构造方法。带参数的构造方法根据具体情况可以有 1 到多个参数，其格式如下：

```
类名(参数列表){
    方法体
}
```

例如：

```
class People{
    String name;
    int age;
    People(String n, int a){
        name=n;
        age=a;
    }
    ...
}
public class PeopleInstance{
    public static void main(String  args[ ]){
        People p1 = new People("李红",18 );    //此时调用带两个参数的构造方法创建对象p1
        p1.selfInfo();
    }
}
```

最后对构造方法的用法总结如下：

- 一个类可以有多个构造方法。
- 如果类中没有定义构造方法，则编译器会给类提供一个默认的构造方法，该构造方法没有参数，且方法体为空。
- 如果类中有自定义的构造方法，那么 Java 在编译时就不会自动加上默认的构造方法。

3. 构造方法的重载

在上面的程序中，用户自定义了一个带两个参数的构造方法，此时我们在主类中可以通过 "People p=new People(" 李红 ",18);" 来完成对象的实例化和初始化。这种情况下 Java 编译时不会再自动加上默认的无参构造方法。如果我们还想通过调用无参的构造方法来完成对象的实例化，则必须进行手动添加，这样就会出现两个名称都与类名相同的构造方法。这在 C 语言等程序设计中是不允许的，但在面向对象程序设计中，同一个类中可能经常要使用同名的方法，这是面向对象程序设计的一个重要特性，即方法的重载。

所谓方法的重载是指在 Java 程序设计中，一个类中有同名但功能不同的方法。

使用方法重载时，初学者需要注意以下两点：

- 方法名称一定相同。
- 参数一定不同。（参数不同是指参数类型不同、参数个数不同、参数个数相同的情况下参数顺序不同）。

遵循上述两条才能重载，而与返回值类型、其他的修饰符无关。

当实例化对象时编译器会根据不同的参数形式来区分使用的是哪个构造方法。

改写案例 1，分别通过无参的和带两个参数的构造方法完成对象的实例化和初始化。

构造方法
（改写案例 1）

3.2　类的方法成员

方法是类或对象的重要组成部分，由完成一定功能的语句组成，它完全类似于 C 语言中的函数，但是 Java 里的方法不能独立存在，必须定义到类中，逻辑上要么属于类，要么属于对象。

3.2.1　方法的声明与调用

1. 方法的声明

在一个类中，方法的声明格式如下：

```
[修饰符] 返回值类型 方法名([参数列表]){
    方法体
}
```

（1）修饰符。方法的修饰符主要有 public、private、protected、static、final、abstract 或缺省等。

- public：用它修饰的方法，在任何包中的任何程序中都能被访问。
- protected：用它修饰的方法，可以被所在包中的类或者在任何包中该类的子类访问。
- 缺省：没有修饰符修饰的方法属于包类型，可以被同一个包中的类访问。
- private：用它修饰的方法，只能在定义该方法的类中被访问。
- static：用它修饰的方法称为类方法或静态方法，可以通过类名直接调用。
- final：用它修饰的方法不能在子类中进行修改，所以称使用它定义的方法为最终方法。
- abstract：用它修饰的方法称为抽象方法，抽象方法必须在具体的子类中实现。

（2）返回值类型。方法可以返回一个值，既可以返回简单类型数据，也可以返回引用类型数据，返回值的类型要在方法名前面明确指出。

若方法不返回值，则返回值类型要写关键字 void，不能省略。

因此，除了构造方法外，所有的方法都要求有返回值类型。

（3）参数列表。根据需要，方法可以有参数列表，也可以没有参数列表。如果有参数列表，其中参数的类型可以为任意类型，多个参数之间要使用 "," 分隔。

如果方法的返回值类型不是 void，则在方法体中就要有关键字 return。其格式如下：

```
return 表达式;
```

例如：

```
int max(int a, int b){
    return a>b?a:b;    //通过return将两个整数中较大的数返回
}
```

要注意，return 后面的表达式一定要保证方法在任何情况下都能返回相应数据类型的值。有些程序，即使有正确的 return 语句，但也不能保证程序的正确性，如下例：

```
int max(int a, int b){
    if(a>b)
        return a;
}
```

该程序将会出现编译错误，因为 max 方法不能保证在任何情况下都有返回值。那么怎样修改程序才会编译成功呢？

返回值类型为 void 的方法不需要返回值，那么在这种方法中是不是就不能使用 return 呢？实际上也是可以使用的，但这时 return 语句的功能是终止方法的执行并返回到该方法的调用者。这时，return 后不能出现表达式（即为空的 return 语句）。

```
//Example3_1.java
public class Example3_1{
    String name;
    String department;
    public Example3_1(String ename,String eDep){
        name=ename;
        department=eDep;
    }
    public void print(){
        System.out.println(name+"在"+department+"");
        return;    //此时return后面为空语句
    }
    public static void main(String args[]){
        Example3_1 e=new Example3_1("张强","信息技术部");
        e.print();
    }
}
```

2. 方法的调用

根据方法是否有返回值，可分为以下两种调用格式：

（1）方法有返回值时的调用。如果方法返回一个值，则通常以表达式的方式调用。

例如，java.lang 包中的数学类 Math 中，定义了求两个数中较大值的 max 方法，则通常按类似于下列的格式调用：

```
int larger = Math.max(3, 4) ;
System.out.println(Math.max(3, 4));
```

（2）方法无返回值时的调用。如果方法返回类型为 void，即无返回值，则这时方法以语句的形式调用。

例如 System 类中终止程序执行的方法 exit，只能按类似于下列的格式调用：

```
System.exit(1);
```

3.2.2 方法的参数传递机制

前面介绍了 Java 里的方法是不能独立存在的,调用方法时必须使用类或对象作为调用者。

如果声明方法时包含了参数列表,则列表中的参数叫做形式参数,简称形参。调用方法时,必须给这些参数指定参数值。把调用方法时实际传递给形参的参数叫做实在参数,简称实参。

那么,Java 中的实参值是如何传入方法的呢?实际上是将实参值进行拷贝然后传给对应的形参的。下面举例说明参数的传递情况。

1. 参数为简单类型时的传递情况

```java
//Example3_2.java
class Example3_2{
  void swap(int a,int b){
    int temp;
    temp=a;
    a=b;
    b=temp;
  }
  public static void main(String[] args){
    int a=5,b=8;
    System.out.println("交换前:a="+a+", b="+b);
    Example3_2 e=new Example3_2();
    e.swap(a,b);
    System.out.println("交换结束后:a="+a+", b="+b);
  }
}
```

程序的运行结果为:

```
交换前:a=5, b=8
交换结束后:a=5, b=8
```

运行结果表明简单类型作为参数传递时,改变形参的值不影响实参。

分析程序的执行过程如下:main 方法中定义了两个变量 a 和 b,初值分别是 5 和 8,如图 3-3(a)所示。当程序调用 swap 方法时,系统会为 swap 方法的形参 a、b 分配内存(形参 a、b 及其 swap 方法体中定义的变量 temp 是在 swap 方法内有效的局部变量),并将 main 方法中 a 和 b 的值拷贝一份给 swap 方法的参数 a 和 b,如图 3-3(b)所示。拷贝完成后,参数的传递过程也就结束了,执行 swap 方法中的语句,交换的是 swap 中的 a 和 b 的值,如图 3-3(c)所示,不会影响到 main 方法的 a 和 b 的值。当 swap 方法执行完成后,程序返回到 main 方法,swap 方法中的局部变量的生命周期结束,分配的内存被系统回收,如图 3-3(d)所示,所以输出结果还是 5 和 8。

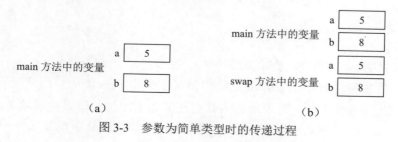

图 3-3 参数为简单类型时的传递过程

图 3-3　参数为简单类型时的传递过程（续图）

2. 参数为引用类型时的传递情况

下面的程序示范了引用类型的参数的传递情况。

```java
//Example3_3.java
class Pass{
    int height;
    int weight;
    Pass(int h,int w){
        height=h;
        weight=w;
    }
    public void change(Pass var) {
        var.height=160;
        var.weight=180;
    }
}
public class Example3_3{
    public static void main(String args[]){
        Pass p=new Pass(170,200);
        System.out.println("调用方法前：");
        System.out.println("身高："+p.height+"厘米");
        System.out.println("体重："+p.weight+"斤");
        p.change(p);
        System.out.println("调用方法后：");
        System.out.println("身高："+p.height+"厘米");
        System.out.println("体重："+p.weight+"斤");
    }
}
```

程序的运行结果为：

```
调用方法前：
身高：170厘米
体重：200斤
调用方法后：
身高：160厘米
体重：180斤
```

运行结果表明，此时形参值的改变影响到了实参。

分析程序的执行过程如下：main 方法中定义了一个 Pass 类的引用变量 p，并创建实例与其关联，此时 p 代表实例对象所在内存空间的起始地址，假设此时地址从 0x1010 开始，如图 3-4（a）所示。当程序调用 change 方法时，系统会将引用变量 p 中存放的地址

0x1010 拷贝一份传给 change 方法的形参变量 var，如图 3-4（b）所示，此时引用变量 p 和 var 指向的是同一段内存区域，即它们的引用相同。执行 change 方法体部分，改变 var 引用的成员变量的值，即改变了 main 方法中 p 所指向的变量的值，如图 3-4（c）所示。当 change 方法执行完成后，程序返回到 main 方法中，change 方法中的 var 存放引用的内存单元释放，如图 3-4（d）所示，main 方法中的对象的值被改变。

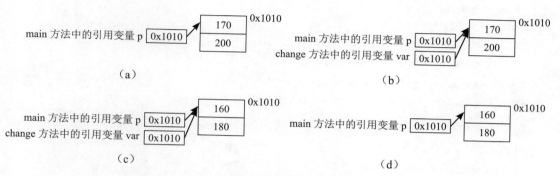

图 3-4　参数为引用类型时的传递过程

【案例 3】已知平面直角坐标系内的两点 p1、p2，求这两点之间的距离。

求平面直角坐标系内两点之间的距离，需要知道这两点的横坐标和纵坐标。该问题所涉及的对象就是"点"，所以要在程序中定义一个点类，该类有横坐标（x）和纵坐标（y）两个属性，以及求两点之间距离的方法（distance)。

程序解析：

```
//TestPoint.java
class Point{
    double x;
    double y;
    Point(){}
    Point(double a,double b){
        x=a;
        y=b;
    }
    double distance(Point p1,Point p2){
        return Math.sqrt((p1.x-p2.x)*(p1.x-p2.x)+(p1.y-p2.y)*(p1.y-p2.y));
    }
}
public class TestPoint {
    public static void main(String[] args) {
        Point p1=new Point(3.2,4.6);
        Point p2=new Point(1,5);
        double d=p1.distance(p1, p2);
        System.out.println(d);
    }
}
```

程序的运行结果为：

2.23606797749979

程序中通过带参数的构造方法创建并初始化了两个实例 p1、p2，并把这两个对象作为实参传递给 distance 方法的形参，求出这两点之间的距离并将结果输出。

下一步继续完善程序。

要求：设计一个方法用来获取一个点的坐标，使得程序输出结果为：

点(3.2,4.6)到点(1.0,5.0)的距离是：2.23606797749979

程序解析：

（1）Point 类中增加 getPoint 方法，用来获取点的坐标。

```
String getPoint() {
    return "点（"+x+","+y+")";
}
```

（2）改动 main 方法中的输出语句，使其按照要求输出结果。

```
System.out.println(p1.getPoint()+"到"+p2.getPoint()+"的距离是:"+d);
```

进一步完善程序，将输出结果中距离的数值保留两位小数。

```
System.out.printf(p1.getPoint()+"到"+p2.getPoint()+"的距离是:%.2f",d);
```

此时程序的运行结果为：

点(3.2,4.6)到点(1.0,5.0)的距离是：2.24

printf 用于格式化地输出带各种数据类型的占位符的参数。"%" 表示进行格式化输出，"%" 之后的内容为格式的定义，Java 中 printf 支持的格式如表 3-1 所示。

表 3-1   输出数据的格式控制

输出控制符	含义
%d	表示输出十进制整数
%o	表示输出八进制整数
%x,%#x,%X,%#X	表示输出十六进制整数
%c	表示输出字符
%f	表示输出浮点数
%s	表示输出字符串

3.2.3 方法的递归

方法的递归就是在一个方法的内部调用自身的过程。

【案例 4】求 n!。

n!=n×(n-1)×...×3×2×1，求 n 的阶乘可以用递归方式定义：0!=1，n!=n×(n-1)!。

递归必须要有结束条件，否则就会陷入无限递归的状态，永远无法结束调用。因此，定义递归方法时要遵循"递归一定要向已知方向进行"。

递归程序的执行过程可以分为两个阶段：回溯阶段和递推阶段。

图 3-5 所示是 5! 的回溯和递推过程。

程序解析：

递归求大数的阶乘

```
//TestFac.java
import java.util.Scanner;
public class TestFac{
    int fac(int n){
        if(n==0||n==1)
            return 1;
        else
            return fac(n-1)*n;
```

```
    }
    public static void main(String[] args){
        Scanner sc=new Scanner(System.in);
        System.out.print("请输入一个正整数：");
        int a=sc.nextInt();
        TestFac t=new TestFac();
        System.out.print(a+"!="+t.fac(a));
        sc.close();
    }
}
```

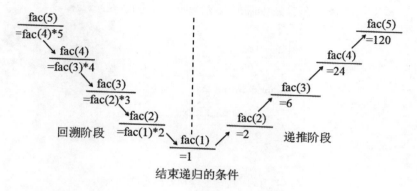

图 3-5　求 5! 的递归过程

3.2.4　方法的重载

　　一般方法的重载与构造方法的重载类似，都是指两个或两个以上的方法具有相同的名称和不同的形参。方法名与形参一般合称为方法头标识。调用方法时，Java 系统能够根据方法头标识决定调用哪个方法。

```
//Example3_4.java
public class Example3_4{
    int max(int x,int y){
        return x>=y?x:y;
    }
    double max(double x,double y){
        return x>=y?x:y;
    }
    int max(int x,int y,int z){
        int temp;
        temp=x>=y?x:y;
        return temp>=z?temp:z;
    }
    public static void main(String args[]){
        Example3_4 e=new Example3_4();
        System.out.println("两个整数里面比较大的数为："+e.max(5,2));
        System.out.println("两个浮点数里面比较大的数为："+e.max(12.7,2.5));
        System.out.println("三个整数里面最大的数为："+e.max(12,5,30));
    }
}
```

方法重载的优点是执行相似任务的方法使用相同的名称，可使程序清晰、易读、便利。

重载的方法，其方法名必须相同，参数必须不同（指参数的类型、个数或顺序不同），不能通过返回值类型和方法的修饰符来区别重载的方法。

3.3　成员变量和局部变量

在 Java 语言中，根据定义变量位置的不同，将变量分为两大类：成员变量和局部变量。

成员变量是在类中定义的变量（方法之外），用来描述对象的属性特征。局部变量是在类的方法中定义的变量，在方法中临时保存数据，如图 3-6 所示。

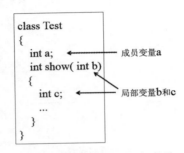

图 3-6　成员变量和局部变量

成员变量和局部变量的区别如下：

（1）作用域不同。局部变量只能在方法中使用，所以它的作用域仅限于定义它的方法，而成员变量能够被本类的所有方法使用。

（2）初始值不同。Java 会默认给成员变量一个初始值，而不会默认给局部变量赋予初始值。

（3）同一个方法中不允许有同名的局部变量。在不同的方法中可以有同名的局部变量。

（4）当成员变量和局部变量同名时，局部变量具有更高的优先级。

成员变量和局部
变量的区别

3.3.1　类变量和实例变量

一个类中的成员变量按有无 static 修饰符修饰分为两类：如果使用了 static 修饰符进行了声明，则称为类变量，也叫静态变量；如果没有使用 static 修饰符进行声明，则称为实例变量。

1. 类变量和实例变量的存储与访问

类变量独立于该类的任何对象，被类的所有实例共享，即 JVM 只为类变量分配一次内存，在加载类的过程中即完成类变量的内存分配。

可用类名直接访问，当然也可以通过对象来访问（不推荐）：

```
类名.变量名
实例名.变量名
```

实例变量可以在内存中有多个拷贝，即每创建一个实例就会为实例变量分配一次内存，互不影响。

通过对象进行访问：

```
实例名.变量名
```

```java
//Example3_5.java
class A{
    static int a;              //类变量（静态变量）
    int b;                     //实例变量
}
public class Example3_5{
    public static void main(String args[]){
        A m1=new A();   //对象1
        A m2=new A();   //对象2
        m1.a=5;
        m2.a=6;
        m1.b=5;
        m2.b=6;
        System.out.print(m1.a+"\t");
        System.out.print(m2.a+"\t");
        System.out.print(m1.b+"\t");
        System.out.println(m2.b);
    }
}
```

运行结果：

```
6      6      5      6
```

如图 3-7 所示，程序中的 a 是类变量，被 A 类的所有实例共享，因此 m1.a 和 m2.a 的输出是一个结果，都为 6，对其进行访问时，最好通过类名（A.a）直接访问，而不是通过对象变量（m1.a）访问。b 变量是一个实例变量，每创建一个实例，就会为它分配一次内存，不同实例的 b 变量是互不影响的，因此 m1.b 和 m2.b 的输出结果是不同的，分别是 5 和 6。

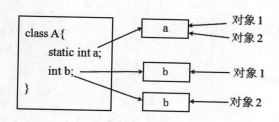

图 3-7　类变量和实例变量

2. static 代码块

static 代码块也叫静态代码块，是在类中独立于类成员的 static 代码块，可以有多个，可以放在任意位置，JVM 加载类时会执行这些静态的代码块。如果 static 代码块有多个，JVM 将按照它们在类中出现的先后顺序依次执行它们，每个代码块只会被执行一次。

```java
//TestStatic.java
public class TestStatic{
    private static int a;
    private int b;
    static{
        TestStatic.a=6;     //此处也可以直接写成a=6
        System.out.print(a+"\t");
        TestStatic ts=new TestStatic();
        ts.show();
```

```
      ts.b=200;
      System.out.print(ts.b+"\t");
    }
    public static void main(String args []) { }
    static{
      TestStatic.a=9;
      System.out.print(a+"\t");
    }
    void show(){
      System.out.print("abc"+"\t");
    }
  }
```

运行结果：

```
6    abc    200    9
```

只要含有 static 关键字的类被加载，Java 虚拟机就能根据类名找到它们。因此，static 对象可以在类的任何对象创建之前访问，无须引用任何对象。

用 public 修饰的 static 成员变量和方法本质上是全局变量和全局方法，但是 Java 语言中没有全局的概念。static 变量前也可以用 private 修饰，表示这个变量可以在该类的静态代码块中或者该类的其他静态成员方法中使用，但是不能在其他类中通过类名来直接引用。

3.3.2 this 关键字

1. 代表当前对象

当 this 出现在某个方法体中时，它可以代表当前类的任何一个实例对象（例如下面的 Leaf 类 setColor 方法中的 this 可以代表 Leaf 类的任何一个对象），只有这个方法被调用时，它所代表的具体对象才能被确定下来，此时谁在调用这个方法，this 就代表谁。

```
//Example3_6.java
class Leaf{
  private String color;
  void setColor(String color) {
    this.color=color;
  }
  String getColor() {
    return color;
  }
}
public class Example3_6 {
  public static void main(String[] args) {
    Leaf f1=new Leaf();
    f1.setColor("红色");     //此时setColor中的this代表f1这个实例
    System.out.println("第一片叶子是："+f1.getColor()+"的");
    Leaf f2=new Leaf();
    f2.setColor("黄色");     //此时setColor中的this代表f2这个实例
    System.out.println("第二片叶子是："+f2.getColor()+"的");
  }
}
```

同理，出现在构造方法中时也是一样的，例如：

```
class Student{
```

```
        String name;
        int age;
        public Student(String name, int age){
          this.name=name;
          this.age=age;
        }
        ...
      }
    public class TestDemo{
      public static void main(String args[]){
        Student s1=new Student("李红",22);   //此时构造方法中的this代表的是s1
        Student s2=new Student("王明",30);   //此时构造方法中的this代表的是s2
        ...
      }
    }
```

（1）当局部变量和成员变量的名字相同时，成员变量会被隐藏，如果此时想使用成员变量，则必须通过 this 来引用成员变量。

```
//TestFruit.java
class Fruit{
  String color="绿色";
  public void harvest(){
    String color="红色";
    System.out.println("这种水果收获时颜色是："+color);   //此处color默认为局部变量
    System.out.println("原来是："+this.color);            //此时color为成员变量
  }
}
public class TestFruit {
  public static void main(String[] args) {
    Fruit f=new Fruit();
    f.harvest();
  }
}
```

（2）通过 this 调用成员方法。

```
class People{
  void sing(){
    System.out.print("我会唱歌！");
  }
  void dance(){
    this.sing();     //调用sing方法
    System.out.println("也会跳舞！");
  }
}
```

我们通常会看到在一个类的实例方法中直接调用该类的其他实例方法的情况，例如程序中的 this.sing() 直接写成 sing()，其实是省略了前缀 this，效果是完全一样的。

2. 调用当前类的其他构造方法

语法格式为：

```
this([参数])
class People{
  String name;
```

```
    int age;
    People(String name){
        this.name=name;
    }
    People(String name, int age){
        this(name);    //调用了带一个参数的构造方法
        this.age=age;
    }
}
```

如果一个类的构造方法中使用 this 调用了该类的其他构造方法，则 this 语句只能放在程序的第一行。

3.3.3 类成员与实例成员的使用规则

与前面的成员变量类似，如果在一个方法前使用 static 修饰，那么这个方法就称为类方法或静态方法，通过类名可直接访问。没有 static 修饰的方法是实例方法，需要通过对象对其进行访问。那么，如果一个类的成员变量和方法前都有 static 进行了修饰，就统称该成员为类成员或静态成员，否则称为实例成员。具体使用时需要注意以下规则：

（1）类方法中可以直接引用类变量，但不能直接引用非静态变量。

```
//Example3_7.java
public class Example3_7{
    static String a="hello";
    String b="java";
    static void printValue(){
        System.out.println(a);
        System.out.println(b);        //错误，静态方法中直接调用了非静态变量
    }
    public static void main(String args[]){
        printValue();
    }
}
```

（2）如果希望在静态方法中调用非静态变量，可以先创建类的对象，然后通过对象来访问非静态变量。

Example3_7.java 程序的其他代码不变，只是在 printValue 方法中创建了 Example3_7 类的一个对象 ex，通过它完成对 b 的访问，如下：

```
static void printValue(){
    System.out.println(a);
    Example3_7 ex=new Example3_7();
    System.out.println(ex.b);
}
```

（3）实例方法中，可以直接访问同类的非静态变量和静态变量。

```
//Example3_8.java
public class Example3_8{
    static String a="hello";
    String b="java";
    void print(){
        System.out.println(a);
        System.out.println(b);
```

```
    }
    public static void main(String args[]){
        Example3_8 e=new Example3_8();
        e.print();
    }
}
```

（4）静态方法中不能使用 this 关键字。

this 是相对于某个对象而言的，加了 static 修饰符的方法是相对于类的，因此不能在静态方法里用 this。

3.4 类的封装

封装性、继承性、多态性是面向对象程序设计的三大特性，其中封装性是最重要的一个特性。

3.4.1 理解封装

封装性指将对象的状态信息隐藏在对象的内部，不允许外部程序直接访问对象内部的状态信息，只有通过该类对外提供的方法才能实现对内部信息的操作和访问。例如人们使用的手机，可以将其看作是一个封装体，用户不需要知道手机内部的电子线路是如何的，只要会使用相关按钮或设置进行操作即可，如调音量、调字体和亮度、开关机等。同样在程序中，不需要知道一个对象的完整结构是怎样的，只要知道完成某一功能要调用哪一个方法即可。

封装有以下几点好处：

● 隐藏类的实现细节。

● 只能通过对外提供的方法进行数据的访问，限制对成员变量的不正当存取。

● 降低了耦合性，提高了代码的可维护性。

一个对象中，成员变量是核心所在，反映对象的外部特征，其值是受保护的，一般不允许外部对象对其直接访问。而前面的程序中经常会出现通过某个对象直接访问其成员变量的情形，这可能会引发一些安全性问题。因此，需要对类的成员施以一定的访问权限来实现类中成员的信息隐藏。

3.4.2 访问控制符的使用

Java 提供了 4 种访问控制级别，分别通过 public、protected、默认访问控制符（default）、private 来进行修饰。

● public：public 是公共的意思，被 public 修饰的成员可以被所有类访问。

● protected：protected 修饰的成员既可以被同一个包中的其他类访问，也可以被不同包中的子类访问。

● default：如果在类的成员前没有任何访问控制符，则该成员处于默认访问状态。处于默认访问状态的成员，只能被同一个包中的其他类访问。

● private：private 修饰的成员只能被这个类本身访问，其他类（包括同一个包中的类、其他包中的类和子类）都无法直接访问 private 修饰的成员。

访问控制级别总结如表 3-2 所示。

表 3-2　访问控制级别

访问控制符	同一个类中	同一个包中	不同包中的子类	不同包中的非子类
public	√	√	√	√
protected	√	√	√	
default	√	√		
private	√			

访问控制符的使用还应注意以下两点：

● 访问控制符用于控制一个类的成员是否可以被其他类访问，但对于局部变量而言，其作用域是它所在的方法，因此不能使用访问控制符来修饰。

● 程序设计中，确定一个成员用什么访问控制符修饰，要根据访问控制的具体情况而定。

（1）在实现一个类时，公有数据或者不加保护的数据是非常危险的，所以一般情况下应该将数据设为私有的，然后通过方法操作数据。

前面介绍的 People 类，通过合理地使用访问控制符才能够实现良好的类的封装。

```java
class People{
    private String name;
    private int age;
    public People(){ }
    public People(String name, int age){
        this.name=name;
        this.age=age;
    }
    public void selfInfo(){
        System.out.print("我的名字是"+name);
        System.out.println("，年龄是 "+age+" 岁。");
    }
}
public class PeopleInstance{
    public static void main(String  args[]){
        People p1 =new People("李红",18);
        p1.selfInfo();
        People p2 = new People();
        //p2.name = "王明";
        //p2.age = 20;
        p2.selfInfo();
    }
}
```

程序的运行结果为：

```
我的名字是李红
年龄是 18 岁。
我的名字是null
年龄是 0 岁。
```

观察上面的程序，People 类的两个成员变量被私有化，只有在本类中才可以被访问。外部类 PeopleInstance 中被注释掉的部分对它们直接访问，是错误的。p1 的两个成员变量通过带两个参数的构造方法完成了初始化，能够得到正确的输出结果。p2 调用的是无参的构造方法完成的实例化，因为没有正确地初始化，运行结果会取默认值，不是我们所期望的，此时可以通过各自对应的 setter 和 getter 方法来操作和访问它们。

如果一个类的每个实例变量都是 private 的，但都为其提供了 setter 和 getter 方法，那么这个类就是一个符合 JavaBean 规范的类（JavaBean 总是一个封装良好的类）。

在 Eclipse 环境中，Source → Generate Getters and Setters 命令可以根据选择生成成员变量的 set 和 get 方法。

```java
class People{
  private String name;
  private int age;
  public String getName() {
    return name;
  }
  public void setName(String name) {
    this.name = name;
  }
  public int getAge() {
    return age;
  }
  public void setAge(int age) {
    this.age = age;
  }
  public void selfInfo(){
    System.out.print("我的名字是"+name);
    System.out.println(",年龄是 "+age+" 岁。");
  }
}
public class Test{
  public static void main(String args[]){
    People p1 =new People();
    p1.setName("李红");
    p1.setAge(18);
    p1.selfInfo();     //通过方法的调用输出个人信息
    People p2 = new People();
    p2.setName("王明");
    p2.setAge(20);
    p2.selfInfo();
  }
}
```

（2）方法一般情况下都设计成公有的。根据需要，有时可能会将它们设成私有的，例如一些辅助方法，它们往往与当前的实现机制非常紧密，可能需要一个特别的协议或者满足一个特别的调用次序才能使用，往往这种方法设为私有的。私有的方法不会被外部类操作，这样既保证了安全性，又能根据需要删除。如果希望子类来重写父类的一个方法，此时就用 protected 来修饰。

【案例 5】设计表示一元一次方程的类，并能根据系数情况求解方程。

```java
//TestEquation.java
class Equation{
  private float a;
  private float b;
  public float getA() {
```

```java
        return a;
    }
    public void setA(float a) {
        this.a = a;
    }
    public float getB() {
        return b;
    }
    public void setB(float b) {
        this.b = b;
    }
    public Equation(){ }
    public Equation(float a,float b){
        this.a=a;
        this.b=b;
    }
    private boolean hasRoot(){
        return a!=0;
    }
    public void show(){
        if(hasRoot()){
            if(b!=0) {
                System.out.println("系数a,b均不为0，此时方程的解 x="+(-b/a));
            }
            else{
                System.out.println("系数b=0,此时方程的解 x="+0);
            }
        }
        else{
            System.out.println("因系数 a=0，所以此方程式无效！ ");
        }
    }
}
public class TestEquation{
    public static void main(String[] args) {
        Equation e1=new Equation(1.5f,2.3f);
        e1.show();
        Equation e2=new Equation();
        e2.setA(-2.6f);
        e2.setB(0);
        e2.show();
        Equation e3=new Equation(0,6.1f);
        e3.show();
    }
}
```

（3）类的构造器大多数时候都是定义成 public 的，允许任何类自由创建该类的对象。但是在某些时候，允许其他类自由创建该类的对象没有任何意义，还可能因为频繁地创建及回收对象而造成系统性能下降。因此可以定义一个始终只创建一个实例的类，这个类被称为单例类，该类的构造器使用 private 修饰。

一旦把构造器私有化，就需要向外部提供一个静态的方法（因为调用该方法前还不存在对象，因此它只能是静态的）来获取一个对象实例。

```java
//TestSingleton.java
class Singleton{
    private static Singleton s;
    private Singleton(){}
    public static Singleton getInstance(){
        if(s==null)
            s=new Singleton();
        return s;
    }
}
public class TestSingleton {
    public static void main(String[] args) {
        Singleton s1=Singleton.getInstance();
        Singleton s2=Singleton.getInstance();
        System.out.println(s1==s2);    //结果为true
    }
}
```

单例设计模式能够保证一个类只创建一个实例，这样可以节省重复创建对象所带来的内存消耗，从而提高效率。

3.5 包

前面的程序都被直接存放在了同一个文件夹下，这样会显得混乱，不利于类的查找，而且经常会出现因为使用了相同的类名而造成冲突的情况。通过创建包可以解决这些问题，从而更方便地进行类的组织和管理。

3.5.1 包的创建

包是将一组相关类组织起来的集合，包的存放形式跟普通文件夹类似。

创建和使用包的好处有以下几个：

● 不同功能的类有可能使用相同的类名，为了避免命名时的冲突，分包处理。

● 把功能相似或相关的类或接口组织在同一个包中，方便查找和使用。

● 提供一种访问权限的控制机制，拥有包访问权限的类才能访问该包中的类。

如果希望一个类放到指定的包结构下，必须在程序中第一行使用"package 包名;"的格式代码。在 Eclipse 环境下，File → New → package 命令可以创建一个包，即在程序的首行生成"package 包名;"的格式，一个源程序文件中只能有一条 package 语句。

包的创建

```java
package zhs;
public class Example3_9{
    public static void main(String[] args) {
        System.out.println("Hello World!");
    }
}
```

创建包时应该注意以下几点：

● 包名必须符合标识符的命名规则。

● 包名应该全部是小写字母，由一个或多个有意义的单词连结而成，单词之间使用"."

进行间隔。

● 在工程实践中，为了避免冲突，包名常用公司名或公司网址的逆序排列形式。例如 com.sun.swing。

3.5.2　包中类的引用

同一个包中的类可以自由访问，但是如果希望访问位于不同包中的类时，Java 需要使用 import 关键字导入指定包中的某个类或全部类。

import 语句应该出现在 package 语句之后、类定义之前。语法格式有以下两种：

```
import 包名.类名;        //导入包中的某个类
```

或

```
import 包名.*;          //导入包中的全部类
```

如果一个包中还有子包，使用 "*" 不能导入子包中的类。例如有 zhs 包，zhs 包下还有 sub 子包，如果使用 "import zhs.*;" 是导入 zhs 包下的所有类，而它的 sub 子包中的类不能被导入，需要使用 "import zhs.sub.*" 才能导入 sub 子包中的类。

假如前面讲到的案例 5 中定义的 Equation 类被放置到了 liu 包中，类 TestEquation 放在了 zhs 包中，TestEquation 类要想使用 liu 包中的 Equation 类就需要导入包。

```java
package zhs;
import liu.*; //或者import liu.Equation;
public class TestEquation{
    public static void main(String[] args) {
        Equation e1=new Equation(1.5f,2.3f);
        e1.show();
        Equation e2=new Equation();
        e2.setA(-2.6f);
        e2.setB(3.3f);
        e2.show();
    }
}
```

一个 Java 源文件只能包含一个 package 语句，但可以包含多个 import 语句，多个 import 语句用于导入多个包层次中的类。

3.5.3　Java 的常用包

Java 的核心类都放在 java 包及其子包下，Java 扩展的很多类都放在 javax 包及其子包下。

● java.lang：包含了 Java 语言的核心类，如 String、Math、System 和 Thread 等类，提供常用功能。使用这个包中的类在程序中会自动引入，无须 import 语句导入。

● java.util：包含一些实用工具类 / 接口和集合框架类 / 接口，如 Arrays、List 以及与日期日历相关的类等。

● java.io：包含 Java 输入 / 输出功能的类。

● java.awt：包含了构成抽象窗口工具集（Abstract Window Toolkits）的多个类，这些类被用来构建和管理应用程序的图形用户界面（GUI）。

● javax.swing：包含了 Swing 图形用户界面的相关类 / 接口。

● java.text：包含了一些 Java 格式化相关的类。

● java.sql：包含了 Java 进行 JDBC 数据库编程的相关类 / 接口。

3.6　final 修饰变量

final 有"不可改变的""最终的"的意思，可以用来修饰非抽象类、成员方法和变量。
final 修饰的变量一旦被赋值就不可再改变，变量名称定义时一般用大写字母组成。

3.6.1　final 修饰成员变量

final 修饰的成员变量只能被赋值一次，赋值后其值不能再改变，一般通过下述两种方
式指定初始值。

（1）被 final 修饰的成员变量在定义时，一般同时赋初值。例如：

```
final float PI=3.14f;        //正确，可以将PI理解为"常量"
```

如果写成：

```
final float PI;
PI = 3.12;    //这是错误的
```

（2）被 final 修饰的成员变量，如果没有在定义的同时赋初值，则必须在构造方法中赋值。

```
//Example3_10.java
public class Example3_10 {
    final float PI;    //PI没有声明的同时指定初值
    //构造方法中完成赋值
    Example3_10() {
        PI = 3.14f;
    }
    public static void main(String args[]) {
        Example3_10 e = new Example3_10();
        System.out.println(e.PI);
    }
}
```

这种先定义然后在构造方法中赋值的方式在使用上提供了更大的灵活性（详见案例 6），
这样的 final 成员变量就可以实现依对象的不同而有所不同，却又可以保持其恒定不变的特征。

3.6.2　final 修饰局部变量

final 修饰的局部变量必须被显式地指定初始值，可以在定义时指定，也可以在后面的
代码中指定，但只能被赋值一次。

```
//Example3_11.java
public class Example3_11{
    public static void main(String[] args) {
        Example3_11 e=new Example3_11();
        e.test();
    }
    public void test(){
        final int a;          //局部变量a，在需要的时候才赋值
        final int b=8;        //局部常量b，定义的同时赋值
        a=5;                  //只能赋值一次
        System.out.println(a);
        System.out.println(b);
    }
}
```

综上所述，final 修饰的成员变量如果在定义的同时已经指定了初始值，那么就不能再在构造方法中为该成员变量指定初始值。final 修饰的局部变量可以在定义时指定初始值，也可以在后面的代码中再指定。但是无论什么情况，都要确保 final 所修饰的变量在使用之前必须被初始化，而且只能显式地赋值一次。

【案例 6】体会 final 修饰的变量的用法。

```java
//TestFinal.java
public class TestFinal {
    private final String A="final实例串";        //被final修饰的实例变量A
    private final int B=30;
    public static final int C=26;     //被final修饰的静态变量C，可以理解为"全局常量"
    public final int E;                //必须在对象使用前赋初值
    public TestFinal(int x){ E=x; }    //根据对象的不同分别为E指定初始值，比较灵活
    public static void main(String[] args) {
        TestFinal t1=new TestFinal(2);
        t1.C=50;                        //错误，final变量的值一旦给定就无法改变
        System.out.println(t1.A);
        System.out.println(t1.B);
        System.out.println(TestFinal.C);
        System.out.println(t1.E);
        TestFinal t2=new TestFinal(3);
        System.out.println(t2.E);       //变量E依据对象的不同而不同
        t2.test();
    }
    public void test(){
        final int a;
        final int b=8;
        a=5;
        System.out.println(a);
        System.out.println(b);
    }
}
```

本章小结

通过本章的学习，读者应该明确类和对象是面向对象程序设计的核心，面向对象程序的功能完全由一系列对象和对象之间的交互完成，对象是属性及其操作的封装体；对象的存在必须先有类，类使用 class 进行定义，然后通过 new 关键字来调用构造器完成对象的实例化；学会并掌握方法的定义和调用及其参数的传递机制、方法的递归和重载；充分认识类中成员变量和局部变量的区别、类变量与实例变量的不同、this 及其用法；了解类的封装、包的创建和使用规则，以及被 final 修饰的变量的用法。

练习 3

一、简答题

1. 什么是构造方法？构造方法有哪些特点？
2. 什么是方法的重载？
3. 类中的变量有哪些？如何区分？

4．什么是包？Java 语言中为什么要引入包的概念？

二、选择题

1．以下有关构造方法的说法中正确的是（ ）。

  A．一个类的构造方法可以有多个

  B．构造方法在类定义时被调用

  C．构造方法必须是 public 方法

  D．构造方法可以和类同名，也可以和类不同名

2．void 的含义是（ ）。

  A．方法体为空   B．定义的方法没有形参

  C．定义的方法没有返回值   D．方法的返回值不能参加算术运算

3．不允许作为类成员的访问控制符的是（ ）。

  A．public   B．private   C．static   D．protected

4．为 A 类的一个无形式参数、无返回值的方法 show 写方法头，使用类名 A 作为前缀就可以调用它，该方法头的形式为（ ）。

  A．static void show()   B．public void show()

  C．final void show()   D．abstract void show()

5．在编写 Java 程序时，若需要使用到标准输入输出语句，必须在程序的开头写上（ ）语句。

  A．import java.awt.*;   B．import java.util.*;

  C．import java.io.*;   D．import java.Swing.*;

6．System 类（ ）包中。

  A．java.util   B．java.io   C．java.awt   D．java.lang

7．下列对方法的定义中，方法头不正确的是（ ）。

  A．public int x(){...}   B．public static int x(double y){...}

  C．void x(double d){...}   D．public static x(double a){...}

8．为了区分类中的重载方法，要求（ ）。

  A．采用不同的形式参数列表

  B．返回值类型不同

  C．调用时用类名或对象名作前缀   D．参数名不同

9．在某个类中有一个方法：getSort(int x)，以下能作为这个方法重载声明的是（ ）。

  A．public float get(float x)   B．int getSort(int y)

  C．double getsort(int x, int y)   D．void getSort(double y)

10．下列方法定义中，不正确的是（ ）。

  A．int x(int a, int b){return a*b;}   B．boolean x(){return true;}

  C．void x(){return;}   D．int x(int a, int b){return 1.2*(a+b);}

三、编程题

1．斐波那契数列，其通项公式为：$F(0)=0$，$F(1)=1$，$Fn=F(n-1)+F(n-2)$（$n \geqslant 3$，$n \in N*$），编写程序求 $F(5)$ 的值。

2．给定一个平面内 3 个不同的点 p1、p2 和 p3，求出任意两点之间的距离。

3．编写一个程序，已知矩形的长和宽，求矩形的面积和周长。

（1）属性长和宽要定义成私有成员。

（2）类中要定义长和宽的设置器和获取器。

（3）设计两个重载的构造方法来完成对象的初始化。

（4）至少实例化两个矩形对象，输出每个矩形的长和宽，求出其面积和周长。

项目拓展

项目名称：模拟银行 ATM 机的基本功能。

具体需求：要求根据用户的操作显示储户的相关信息，如查询操作后，要显示储户的姓名、账号、账户余额等信息；存款操作后，显示储户原有金额、今日存款金额、最终存款余额；取款时，若最后余额小于最小余额，则拒绝取款并显示"至少保留金额 XXX 元"等。

程序解析：根据题目要求，银行账户类的数据（属性）和方法可以设置：①属性：账号、储户姓名、账户余额、最小余额；②方法：存款、取款、查询。

参考程序：

正则表达式

```java
//TestATM.java
import java.util.Scanner;
class BankAccount {
    private String account;              //账号
    private String name;                 //姓名
    private static int balance;          //账户余额
    private final int MININUM = 100;     //账户最小余额

    BankAccount(String account, String name, int balance) {
        this.account = account;
        this.name = name;
        BankAccount.balance = balance;
    }

    public static void deposit() {
        System.out.println("请输入存款金额：");
        Scanner sc = new Scanner(System.in);
        while (true) {
            String cun = sc.nextLine();
            //使用正则表达式校验输入的数据是否是100的整数倍
            if(cun.matches("[1-9]\\d*00")) {
                System.out.println("您账户原有金额：" + balance);
                balance = balance + Integer.parseInt(cun);
                System.out.println("您已成功存入：" + cun + "元，当前余额为：" + balance + "元 " + "\n");
                break;
            }else {
                System.out.println("存款金额应为100的整数倍，请重新输入：");
            }
        }
    }

    public void withdraw() {
        System.out.println("请输入取款金额：");
        Scanner sc = new Scanner(System.in);
        String qu = sc.nextLine();
        if(qu.matches("[1-9]\\d*00")){
            int q=Integer.parseInt(qu);
```

```java
            if (balance - q < MININUM) {
                System.out.println("余额不足，卡内至少保留余额：" + MININUM + "元");
            } else {
                balance = balance - q;
                System.out.println("您取款：" + q + "元，当前余额为：" + balance);
            }
        }
        else {
            System.out.println("有误，取款金额只能是100的整数倍！");
        }
    }

    public void getAccountInfo() {
        System.out.println("银行账号：" + account);
        System.out.println("名称：" + name);
        System.out.println("余额：" + balance);
    }

    public void MainMenu() {
        while (true) {
            System.out.println("请执行你的操作：");
            System.out.println("1-存款\t2-查询\t3-取款 ");
            Scanner sc = new Scanner(System.in);
            int i = sc.nextInt();
            while (true) {
                switch (i) {
                case 1:
                    deposit();
                    break;
                case 2:
                    getAccountInfo();
                    break;
                case 3:
                    withdraw();
                    break;
                default:
                    System.out.println("请输入数字1,2,3");
                }
                System.out.println("是否继续？ y/n");
                if (sc.next().equals("y")) {
                    System.out.println("----------------");
                    System.out.println("请再次执行你的操作：");
                    System.out.println("1-存款 \t2-查询 \t3-取款 ");
                    i = sc.nextInt();
                } else {
                    System.exit(-1);
                }
            }
        }
    }
}

public class TestATM {
    public static void main(String[] args) {
        BankAccount b = new BankAccount("6228000587651236785", "李红 ", 3000);
        b.MainMenu();
    }
}
```

第 4 章　Java 实用类库

本章导读

在 Java 中，有很多比较实用的类库，它们通常都定义了一系列具有常见功能的方法。本章将介绍几个常用类。

数组是具有相同数据类型的一组数据的序列，具有访问速度快的特点。

字符串是 Java 程序中经常处理的对象，如果字符串运行得不好，将影响程序运行的效率。在 Java 中，以对象的方式处理字符串，将使字符串更加灵活、方便。

本章重点介绍一维数组的创建和使用方法、字符串的创建和使用方法，另外还介绍 StringBuffer 类、包装类、Math 类、日期类等常用类的使用方法。

本章要点

- ♀ 一维数组的创建和操作方法。
- ♀ 字符串的创建方法。
- ♀ 字符串的操作方法。
- ♀ 包装类与对应的简单类型间的转换。
- ♀ 带参数的 main() 方法接收输入。
- ♀ Math 等类的使用。

4.1　数组

通过前面几章的学习，读者可以编写程序来解决一些简单问题了，但是如果要处理的数据比较多时，仅仅依靠前面的知识是不够的。例如某个班级有 100 名学生，现在需要统计某门课程的最高成绩和平均成绩，如果利用前面所学的知识，就需要声明 100 个变量来记录每个学生的成绩，这样编写会使程序变得非常烦琐。此时，就可以通过数组来解决这个问题。

数组是程序设计中常用的一种数据类型。Java 语言中的数组是由相关元素组成的对象，因此数组必须以对象的方式操作。

数组是相同类型的数据元素按一定顺序组成的一种复合数据类型，元素在数组中的相对位置由下标来指明。

数组具有如下特点：

- ● 一个数组中所有的元素都属于同一种类型。
- ● 数组中的元素是有序的。

● 数组中的一个元素通过数组名和元素下标来确定。

可以根据数组的维数把数组分为一维数组、二维数组等，本节主要介绍一维数组的创建和使用。

一维数组实质上是一组相同类型的数据的线性集合，当在程序中需要处理一组数据或者传递一组数据时，可以使用这种类型的数组。

4.1.1　创建一维数组

数组作为对象，允许使用 new 关键字进行内存分配。在使用数组之前，必须先声明数组并为数组分配内存空间。

一维数组的创建有两种形式，下面详细讲解。

1. 先声明，再分配内存空间

声明数组的语法格式如下：

```
类型　数组名[];
```

或者

```
类型[]　数组名;
```

类型由数组元素的类型决定，类型也决定了数组的数据类型，它可以是 Java 中任意的数据类型，包括简单类型和组合类型。数组名为一个合法的标识符，符号"[]"指明该变量是一个数组类型变量。单个"[]"表示要创建一个一维数组。例如：

```
int  arr[];              //声明int型数组，数组中的每个元素都是int型数据
char cs[];               //声明char型数组，数组中的每个元素都是char型数据
String str[];            //声明String数组，数组中的每个元素都是String型数据
```

或者写成以下格式：

```
int[] arr;
char[] cs;
String[] str;
```

上述两种声明数组的格式对于 Java 编译器来说效果是完全一样的，但是第二种数组声明格式更符合 Java 语言中数组对象的概念，故推荐使用第二种格式。

声明数组时给出了数组名和元素的数据类型，并没有创建对象本身，只是在内存中创建了一个对象的引用。例如上面代码中声明的 arr 数组，在声明后，内存示意图如图4-1（a）所示。

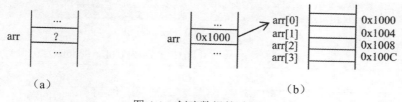

图 4-1　创建数组的过程

在图 4-1(a)中，arr 对应内存中的一个单元，该内存单元用来保存指向数组实体的地址，但目前为空（在 Java 中空值用 null 表示）。

声明数组后，就要给数组元素分配内存空间，即实例化数组。实例化数组的语法格式如下：

```
数组名=new 类型[数组元素个数];
```

对于前面声明的 arr 数组，实例化的语句为：

```
arr=new int[4];    //实例化arr，arr中有4个整数，初始值都为0
```

该语句执行后，系统会分配 4 个保存整数的内存空间，并把此内存空间的引用地址赋给 arr。假设这个空间的内存地址是 0x1000，内存分配的过程如图 4-1（b）所示。数组通过下标来区分数组中不同的元素，数组的下标从 0 开始。

2．声明的同时为数组分配内存空间

在这种创建数组的方法中，声明数组的同时就分配内存空间。语法格式如下：

```
类型  数组名=new 类型[数组元素个数];
```

例如：

```
int month[]=new int[12];       //month指向一个有12个元素的数组空间
```

或者

```
int[] month=new int[12];
```

上面两句代码的效果完全相同，作用是创建数组 month，并指定了数组中包含 12 个整数元素，也就是数组长度为 12。在 Java 程序编写的过程中，这是一种普遍的做法。month 内存空间的分配过程可以参照图 4-1（b），此处不再赘述。

注意：无论采用上面两种格式的哪一种创建数组，数组一旦创建后，其大小是不可调整的，但是数组名可以用来引用一个全新的数组空间。例如：

```
int[] intArray=new int[5];       //intArray指向一个有5个元素的数组空间
int[] intArray=new int[15];      //intArray指向一个有15个元素的数组空间
```

在这种情况下，intArray 指向了一个由 15 个整数元素组成的新内存空间，而第一个由 5 个整数元素组成的内存空间将被丢弃，如果没有其他引用，则会变为垃圾。

4.1.2　初始化一维数组

初始化数组就是要使数组中的各个元素都有确定的数值。数组元素的初始化有两种方式：默认初始化和列表初始化。

1．默认初始化

默认初始化是在数组被实例化后数组中的每个元素即被自动初始化为系统默认的数据，如表 4-1 所示。

表 4-1　数组元素默认的初始值

数组元素类型	初始值
byte、short、int、long	0（long 为 0L）
float、double	0.0（float 为 0.0F，double 为 0.0D）
char	'\0'
boolean	false
引用类型	null

尽管数组元素在实例化之后会获得默认值，但是，在程序设计中，最好还是对数组元素进行显式的初始化。

2．显式的初始化

显式的初始化是使用列表形式的初始化。若需要在数组声明时直接给出数组的初值，可以使用列表初始化。列表初始化有以下两种方式：

```
int[] arr1=new int[]{1,2,3,4,5};    //第一种初始化方式，数组长度为5
int[] arr2={10,20,30,40};           //第二种初始化方式，数组长度为4
```

大括号中出现的是值列表，列表中的值依序赋值给数组的第 0、1、…、n 个元素。此外，声明时并不需要指出数组元素的个数，编译器会根据列表中值的个数自动确定数组的长度。

4.1.3　使用一维数组

数组中的元素是有先后次序的，数组元素通过数组名加下标被引用，下标从 0 开始。例如：

```
int[] arr=new int[]{1,2,3,4,5};
```

在 arr 数组中，arr[0] 表示数组中的第一个元素，arr[1] 表示数组中的第二个元素，依此类推，arr[4] 是数组中的最后一个元素，它的值是 5。

另外，每个数组对象在创建后都有一个名叫 length 的属性，该属性自动保存数组的长度，即数组元素的个数。如要表示上例中 arr 数组的长度，可写为 arr.length，则数组中最后一个元素的下标是 arr.length-1。length 属性的值常被用来检查程序运行时数组的下标是否越界。如果下标越界（超出了数组元素的使用范围），则在运行程序时会报错。

例 4-1　试试看下面的程序可以实现什么功能。

```java
//Example4_1.java
class Example4_1{
    public static void main(String args[]){
        //创建并初始化一维数组
        int[] day=new int[]{31,28,31,30,31,30,31,31,30,31,30,31};
        System.out.println("每个月的天数");
        for(int i=0;i<12;i++){              //利用循环输出信息
            System.out.println((i+1)+"月有"+day[i]+"天");
        }
    }
}
```

二维数组简介

另一个练习数组的源程序及二维数组的介绍请读者扫描二维码自学。

4.1.4　数组的基本操作

Java.util 包的 Arrays 类包含了用来操作数组的各种方法，如排序、查找、复制等，本小节将介绍数组的几个基本操作。

1. 排序

通过 Arrays 类的静态 sort() 方法可以实现对数组的排序。sort() 方法提供了多种重载形式，可对任意类型的数组进行升序排列。常用的语法格式如下：

```
Arrays.sort(数组名);
```

例 4-2　将数组排序后输出。

```java
//Example4_2.java
import java.util.Arrays;     //导入java.util.Arrays类
class Example4_2{
    public static void main(String args[]){
        int[] arr=new int[]{40,12,90,56};      //声明并初始化数组
        Arrays.sort(arr);                       //对数组排序
```

TestArray.java

```
        for(int i=0;i<arr.length;i++){        //将排序后的数组元素按序输出
            System.out.println(arr[i]);
        }
    }
}
```

2．查找

Arrays 类的 binarySearch() 方法使用二分法来搜索指定数组，以获得指定对象。该方法返回要搜索的元素的索引值。binarySearch() 方法提供多种重载形式，本节只介绍一种常用格式，如下：

Arrays.binarySearch(a,v);

该方法在数组 a 中查找值为 v 的元素，找到了则返回 v 的下标；如果没有找到，则返回一个负数 r。r 的意义是：位置 -(r+1) 为保持数组有序时值为 v 的元素应该插入的位置。

注意：在调用 binarySearch() 方法之前，必须先对数组进行排序（通过 sort() 方法），如果没有对数组进行排序，则查找结果是不确定的。

例 4-3　查找元素在数组中的位置。

```
//Example4_3.java
import java.util.Arrays;              //导入java.util.Arrays类
class Example4_3{
    public static void main(String args[]){
        int[] arr=new int[]{40,12,90,56};      //声明并初始化数组
        Arrays.sort(arr);             //对数组排序

        int i1=Arrays.binarySearch(arr,40);    //查找元素40的位置
        int i2=Arrays.binarySearch(arr,10);    //查找元素10的位置
        int i3=Arrays.binarySearch(arr,100);   //查找元素100的位置

        System.out.println("40的索引位置是"+i1);    //输出元素40的位置
        System.out.println("10的索引位置是"+i2);    //输出元素10的位置
        System.out.println("100的索引位置是"+i3);   //输出元素100的位置
    }
}
```

3．填充

数组中的元素定义完成之后，可以通过 Arrays 类的 fill() 方法对数组元素进行替换，也称为填充，该方法通过各种重载形式完成任意类型的数组元素的替换。fill() 方法有两种参数类型，下面以 int 型数组为例介绍 fill() 方法的使用。

（1）Arrays.fill(int[] a, int value);：该方法可以将指定的 int 值分配给 int 型数组的每个元素。

（2）Arrays.fill(int[] a, int from, int to, int value);：该方法可以将指定的 int 值分配给 int 型数组指定范围中的每个元素。填充范围从下标 from（包括）一直到下标 to（不包括）。如果 from=to，则填充范围为空。如果指定的下标位置大于要进行填充的数组长度，则会报出异常。

关于 fill() 方法的使用，请读者扫描二维码获取资源程序自学。

TestFill.java

4．复制

Arrays 类提供 copyOf() 方法和 copyOfRange() 方法实现对数组的复制。copyOf() 方法

格式如下：

> Arrays.copyOf(arr, int newlength);

其中，arr 为现有数组名，newlength 为复制长度，整数。该方法的功能是将 arr 数组中从下标为 0 的元素开始的 newlength 个元素复制到一个新数组中。如果 newlength 大于 arr 数组的长度，那么新数组中前面的 arr.length 个元素和 arr 数组中的对应元素相同，后面 newlength-arr.length 个元素填充默认值（默认值见表 4-1）。

copyOfRange() 方法的语法格式如下：

> Arrays.copyOfRange(arr, int from, int to);

其中，arr 为现有数组名。该方法的功能是把 arr 数组中下标范围从 from（包括）一直到 to（不包括）的元素复制到一个新数组中。

除了 Arrays 类提供的上述两个方法用于数组复制外，System 类也提供一个 arraycopy() 方法用于数组复制。其语法格式如下：

> System.arraycopy(src, int srcPos, dest, int destPos, int length);

该方法的功能是将数组 src 中下标从 srcPos 开始连续的 length 个数组元素复制到数组 dest 中，复制设置为下标从 destPos 开始的连续位置。例如：

```
int[] a={1,2,3,4,5,6};
int[] b={10,9,8,7,6,5,4,3,2,1};
System.arraycopy(a, 0, b, 0, a.length);
```

数组 b 的内容为：1，2，3，4，5，6，4，3，2，1。arraycopy() 方法将 a 数组中从下标为 0 的元素开始复制 6（a.length）个元素到 b 数组中，位置从 b 数组下标为 0 的元素开始。

关于数组复制方法的使用，请读者扫描二维码获取资源程序自学。

TestCopy.java

4.2　字符串

字符串是由 Unicode 字符集中的字符组成的字符序列，例如 " 你好！" " Hello" "12.3" "c" 等，这些字符串常量包含在一对双引号（" "）中。

在 Java 语言中，字符串被作为对象来处理，可以通过 java.lang 包中的 String 类来创建字符串对象。

4.2.1　字符串的创建

本节介绍创建字符串的两种常见格式。

格式 1：String str1="teacher";

格式 2：String str2=new String("teacher");

这两种格式都能创建字符串对象，但格式 1 要比格式 2 更优。因为格式 1 通过常量赋值方式创建的字符串保存在常量池内存中，而格式 2 通过 new 创建的字符串会存放在堆内存中。

当常量池中没有字符串常量 "teacher" 时：

● 通过格式 1 创建对象，程序运行时会将 "teacher" 字符串放进常量池，将其地址赋给 str1。

● 通过格式 2 创建对象，程序会在堆内存中开辟一片新空间存放新对象，将其地址赋给 str2，同时会将 "teacher" 字符串放入常量池，相当于创建了两个对象。

当常量池中已经有字符串常量 "teacher" 时：

- 通过格式 1 创建对象，程序运行时会在常量池中查找 "teacher" 字符串，将找到的 "teacher" 字符串的地址赋给 str1。
- 通过格式 2 创建对象，程序会在堆内存中开辟一片新空间存放新对象，将其地址赋给 str2。

这里需要特别指出两个问题：

（1）字符串变量其实是一个对象类型的变量，其中保存着一个地址，这个地址指向存放字符串数据的内存区。

（2）JVM 在管理内存时，把内存分为栈内存、堆内存、常量池内存等若干个区域，其中，栈内存存放基本类型的变量数据和对象的引用，堆内存存放对象本身（new 修饰的对象），常量池内存存放字符串常量（直接用双引号定义的）和基本类型常量（public static final）。

例 4-4　字符串的不同创建格式及其区别。

```
//Example4_4.java
class Example4_4{
    public static void main(String args[]){
        String s1=new String("this is an example");
        //在堆中创建一个字符串，同时常量池也放一份
        System.out.println("堆s1:"+s1);                      //输出s1字符串的内容
        String s2;
        s2=new String("this is an example");                //在堆中重新创建一个字符串
        System.out.println("堆s2:"+s2);                      //输出s2字符串的内容
        System.out.println("s1=s2:"+(s1==s2));              //返回false，s1和s2指向堆中不同的地址
        System.out.println("s1 equals s2:"+s1.equals(s2));  //返回true，s1和s2字符串内容相同
        String s3,s4;
        s3="this is an example";                            //s3指向常量池中的字符串
        s4="this is an example";                            //s4存放和s3相同的地址
        System.out.println("常量池s3:"+s3);                  //输出s3字符串的内容
        System.out.println("常量池s4:"+s4);                  //输出s4字符串的内容
        System.out.println("s3=s4:"+(s3==s4));              //返回true
        String s5=s1;      //把s1中存放的地址赋给s5，s5也指向堆中s1指向的字符串
        System.out.println("s1=s5:"+(s1==s5));              //返回true
        System.out.println("s2=s5:"+(s2==s5));              //返回false
    }
}
```

4.2.2　字符串的常用方法

1. 字符串连接

字符串可以连接字符串，也可以连接其他数据类型。

字符串连接用 "+" 或者 concat(String str) 方法。

例 4-5　字符串连接字符串。

字符串的常用方法

```
//Example4_5.java
class Example4_5 {
    public static void main(String args[]) {
        String s1 = new String("I am");      //声明String对象s1
        String s2 = " a student.";           //声明String对象s2
        //字符串s3通过 "+" 运算连接字符串对象和字符串常量生成
```

```
        String s3 = s1 + s2;
        System.out.println("s3:" + s3);          //输出s3
        String s4;
        s4 = s1.concat(s2);//字符串s4通过concat()方法连接字符串对象生成
        System.out.println("s4:" + s4);          //输出s4
        //字符串s4通过concat()方法连接字符串常量重新赋值
        s4 = s1.concat(" a teacher.");
        System.out.println("new s4:" + s4);       //输出s4
    }
}
```

例 4-6　字符串连接其他数据类型。

```
//Example4_6.java
class Example4_6{
    public static void main(String args[]){
        String s1=new String("我每天学习");          //声明String对象s1
        int t1=6;                                    //声明int型变量t1
        float t2=7.5f;                               //声明float型变量t2
        //字符串对象、字符串常量、整数、浮点数相连并输出
        System.out.println(s1+t1+"小时，休息"+t2+"小时。");
        System.out.println("是真的吗？ "+(5>3));      //字符串连接逻辑常量
    }
}
```

从以上两个例子可以看出，只要"+"运算符的一个操作数是字符串，编译器就会将另一个操作数转换成字符串形式。concat() 方法的参数可以是字符串对象，也可以是字符串常量。

2. 求字符串的长度

使用 String 类的 length() 方法可以获取已声明的字符串对象的长度，也就是字符串中字符的个数，一个汉字、一个英文字母、一个空格、一个符号都被看作一个字符。

语法格式如下：

```
str.length();
```

其中，str 为字符串对象。

注意：这里是带括号的 length() 方法，不是数组长度 length 属性。

3. 求字符串的子串

使用 String 类的 substring() 方法可以获取字符串的子串，该方法有以下两种格式：

（1）str.substring(int begin);：这种格式返回一个新字符串，该字符串是从 begin 位置开始到字符串结束的字符串。字符串下标从 0 开始。例如：

```
String str1="我每天学习";
String str2=str1.substring(3);  //str2为"学习"
```

在 str1 中，"我每天学习" 中的每个汉字对应的下标依次是 0、1、2、3、4，所以截取下标从 3 开始的子串就获得了 "学习" 这个字符串。

（2）str.substring(int begin, int end);：这种格式返回一个新字符串，该字符串是从 begin 位置开始到 end-1 位置结束的字符串。例如：

```
String str1="我每天学习";
String str2=str1.substring(0, 3);   //str2为"我每天"
```

下面用一个例子练习求字符串长度和字符串子串的方法。

例 4-7   求字符串长度和字符串子串。

```
//Example4_7.java
class Example4_7{
    public static void main(String args[]){
        String s1=new String("I like Java.");        //声明String对象s1
        String s2=new String("我喜欢Java。");         //声明String对象s2

        System.out.println(s1.length());        //返回12
        System.out.println(s2.length());        //返回8

        System.out.println(s1.substring(7));    //返回Java.
        System.out.println(s2.substring(1,3));  //返回"喜欢"
    }
}
```

注意：其他语言中也包含求子串的方法，参数和功能各有不同，不要混淆。

4．取得字符串中指定位置的字符

substring() 方法可以获取字符串的子串，当然子串也可以是单个字符组成的字符串，例如，str.substring(0,1) 就可以取得 str 字符串中第一个字符组成的字符串。与此类似，String 类中有一个 charAt() 方法也可以返回字符串中指定位置的字符。例如：

```
String str="hello world";
char c1=str.charAt(0);          //c1的值为'h'
char c2=str.charAt(6);          //c2的值为'w'
```

5．查找一个字符或者一个子串在字符串中的位置

String 提供两个查找位置的方法：indexOf() 方法和 lastIndexOf() 方法，这两个方法的功能是在字符串中搜索指定字符或子串，如果找到就返回相应的索引位置（下标），若找不到返回 -1。

语法格式如下：

```
str.indexOf(字符或字符的Unicode值);      //返回字符在字符串str中第一次出现的位置
str.indexOf(子串);                       //返回子串在字符串str中第一次出现的位置
str.lastIndexOf(字符或字符的Unicode值);  //返回字符在字符串str中最后一次出现的位置
str.lastIndexOf(子串);                   //返回子串在字符串str中最后一次出现的位置
```

6．比较字符串

在例 4-4 中，我们学习过"=="运算符可以比较两个字符串变量中的地址是否相同，equals() 方法可以比较两个字符串对象的内容是否相同。除此之外，这里介绍另外两个比较字符串的方法。

（1）equalsIgnoreCase() 方法。使用 equals() 方法对字符串进行比较时是区分大小写的，而使用 equalsIgnoreCase() 方法是在忽略了字母大小写的情况下比较两个字符串是否相等的，返回结果仍为 boolean 类型。语法格式如下：

```
str.equalsIgnoreCase(String another);
```

其中，str 和 another 是两个字符串对象。

（2）compareTo() 方法。compareTo() 方法为按字典顺序比较两个字符串，该比较基于字符串中各个字符的 Unicode 值，返回值为整数。语法格式如下：

```
str.compareTo(String another);
```

其中，str 和 another 是参加比较的两个字符串对象。如果两个字符串相等，则返回值为0；

如果 str 小于 another,则返回一个小于 0 的值;如果 str 大于 another,则返回一个大于 0 的值。
例如:

```
String str1="bcd";
String str2="acd";
String str3="cd";
System.out.println(str1.compareTo(str2));    //返回1
System.out.println(str1.compareTo(str3));    //返回-1
```

7. 去除空格

trim() 方法可以去除字符串的前导空格和尾部空格并返回一个新字符串。例如:

```
String str1="  I    ";
String str2=str1.trim();    //str2的值为"I"
```

String 类中提供了很多非常有用的方法，这里只列举了其中一些常用的，读者在使用
时可以参照 JDK 帮助文档。

4.2.3　字符串的应用

【案例 1】猜生日和性别。

身份证号码包含着一个人的所在地区、出生日期、性别等重要信息。本程序根据用户
提供的身份证号码,输出其生日和性别。这里身份证号码为 18 位,不考虑 15 位的身份证号。

```java
//TestIdentityCard.java
//身份证号类
class IdentityCard{
    private String identityNumber;
    //无参数的构造方法
    public IdentityCard(){}
    //有参数的构造方法
    public IdentityCard(String identityNumber){
        this.identityNumber = identityNumber;
    }
    //身份证号码设置器
    public void setIdentityNumber(String identityNumber){
        this.identityNumber = identityNumber;
    }
    //身份证号码获取器
    public String getIdentityNumber(){
        return identityNumber;
    }
    //获得生日的方法
    public String getBirthday(){
        return identityNumber.substring(6,10) + "年" +
        identityNumber.substring(10,12) + "月" +
        identityNumber.substring(12,14) + "日";
    }
    //获得性别的方法
    public char getSex(){
        int temp = identityNumber.charAt(16) - 0x0030;    //倒数第二位字符转换为整数
        if((temp % 2) == 0)    //倒数第二位为偶数, 女
            return '女';
        else
```

```
        return '男';
      }
   }
}
//测试类
class TestIdentityCard{
   public static void main(String args[ ]){
      String str=args[0];        //args[0]获得用户输入
      IdentityCard MyID = new IdentityCard(str);
      System.out.println("身份证号码为： " + MyID.getIdentityNumber());
      System.out.println("生日： " + MyID.getBirthday());
      System.out.println("性别： " + MyID.getSex());
   }
}
```

18 位身份证号码的倒数第二位代表性别，偶数为女，奇数为男。程序中，int temp = identityNumber.charAt(identityNumber.length()-2); 取出身份证号倒数第二位字符并转换成对应的整数。

测试类中的 args[0] 引用了 main() 方法中参数数组中的第一个元素。在 Eclipse 环境下运行程序时，选择 Run Configurations 命令，打开 Run Configurations 面板，单击 Arguments 选项卡，在 Program arguments 文本框中输入要测试的身份证号码。

以 "130903200912080028" 为例，程序的运行结果为：

```
身份证号码为：130903200912080028
生日：2009年12月08日
性别：女
```

在很多程序中会用到命令行输入参数，接下来我们再用一个案例来学习 main() 方法中参数的使用。

例 4-8　比较用户在命令行输入的两个字符串是否相同（忽略字母的大小写）。

```
//Example4_8.java
class Example4_8{
   public static void main(String args[ ]){
      String str1=args[0];        //args[0]获得用户输入的第一个参数
      String str2=args[1];        //args[1]获得用户输入的第二个参数
      if(str1.equalsIgnoreCase(str2)){
         System.out.println("两个字符串相同");
      }
      else{
         System.out.println("两个字符串不同");
      }
   }
}
```

程序中用到了两个来自用户输入的参数，参数之间用空格隔开，如图 4-2 所示。

main 参数的引用

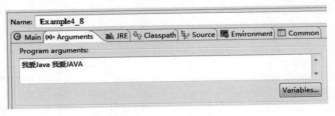

图 4-2　命令行输入多个参数

运行结果为：

两个字符串相同

4.3　StringBuffer 类

除了 String 类处理字符串之外，java.lang 包中还定义了一个 StringBuffer 类，可在存放字符串的缓冲区中添加、插入或追加新内容，甚至比 String 类更灵活。

4.3.1　创建 StringBuffer 对象

StringBuffer 类有若干个重载的构造方法用于创建对象，下面介绍 3 个构造方法。

（1）public StringBuffer()：该方法构造了一个没有字符的字符串缓冲区，缓冲区的初始容量为 16 个字符。例如：

```
StringBuffer strBuf=new StringBuffer();
```

（2）public StringBuffer(int length)：该方法构造了一个没有字符的字符串缓冲区，缓冲区的长度由参数 length 确定。例如：

```
StringBuffer strBuf=new StringBuffer(20); //缓冲区长度为20个字符
```

（3）public StringBuffer(String str)：该方法用给定的参数 str 构造一个字符串缓冲区，初始容量为字符串 str 的长度加 16 个字符。例如：

```
StringBuffer strBuf=new StringBuffer("初始化"); //缓冲区长度为19个字符，存放了"初始化"
```

4.3.2　StringBuffer 的常用方法

（1）public int length()：返回缓冲区中字符的个数，如果没有字符，返回 0。

（2）public int capacity()：返回缓冲区的当前容量，而不是字符个数。

（3）append()：在字符串尾部追加新的内容。StringBuffer 中有多个重载的 append() 方法，它们可以在字符串尾部追加不同数据类型的内容。例如：

```
StringBuffer strBuf=new StringBuffer("abc");
System.out.println(strBuf.append("def")); //输出abcdef
System.out.println(strBuf.append(true));  //输出abcdeftrue
```

无论原来缓冲区是否有字符串，append() 方法都会在第一个空位处追加字符串，追加后，如果字符串的长度没有超过原缓冲区容量，则缓冲区容量不变，否则缓冲区可能会扩充容量。

（4）insert()：在字符串中插入新内容。StringBuffer 中也有多个重载的 insert() 方法，它们可以在字符串的指定位置插入不同数据类型的内容。例如：

```
StringBuffer insert(int index, char c)
StringBuffer insert(int index, int i)
StringBuffer insert(int index, float f)
StringBuffer insert(int index, double d)
StringBuffer insert(int index, long l)
```

（5）delete()：删除指定位置的若干个字符。语法格式如下：

```
strBuf.delete(int start, int end);
```

该方法的功能是删除 strBuf 缓冲区字符串中下标从 start（包含）开始到 end（不包含）之间的字符，下标从 0 开始。例如：

```
StringBuffer strBuf=new StringBuffer("Welcome to ");
strBuf.delete(0,3);
System.out.println(strBuf);    //输出come to
```

（6）setCharAt()：置换字符。语法格式如下：

```
strBuf.setCharAt(int index, char ch)
```

该方法的功能是将 strBuf 缓冲区字符串中给定下标 index 处的字符设置为 ch。例如：

```
StringBuffer strBuf=new StringBuffer("Welcome to ");
strBuf.setCharAt(1,'E');
strBuf.setCharAt(6,'E');
System.out.println(strBuf);  //输出WElcomE to
```

关于 StringBuffer 类的应用，请读者扫描二维码获取资源程序自学。另外，处理字符串还可以使用 StringBuilder 类，也请读者扫描二维码自学。

StringBuffer 类也提供了很多非常有用的方法，这里只列举了其中一些常用的，读者在使用时可以参照 JDK 帮助文档。

TestStrBf.java

StringBuilder 类

4.4　包装类

Java 是一种面向对象的语言，在面向对象程序设计中"一切皆对象"，而第 2 章介绍的基本数据类型就不是以对象的形式出现的，这从本质上来说不符合面向对象程序设计的思想。但是，基本数据类型在 Java 语言中有其存在的合理性，因为基本数据类型易于理解，可以简化程序的书写。但在有些情况下需要使用以对象形式表示的基本数据类型，Java 语言已经考虑到了这个问题，为每一种基本数据类型都提供了一个与之对应的类，称为简单数据类型的包装类，本节将介绍这些包装类的应用。

4.4.1　包装类对象的创建

在 java.lang 包中，为每一种基本数据类型都提供了一个对应的包装类。这些包装类就是包装了一个基本类型的数据，并提供了一些对数据进行操作（以类型转换为主）的方法。

基本数值类型有 byte、short、int、long、float、double 共 6 种，它们对应的包装类如表 4-2 所示。

表 4-2　基本数据类型对应的包装类

类型	字节型	短整型	整型	长整型	单精度实型	双精度实型
基本类型名	byte	short	int	long	float	double
包装类名	Byte	Short	Int	Long	Float	Double

另外，布尔数据类型的包装类是 Boolean，字符数据类型的包装类是 Character。

创建包装类对象有如下几种方法：

（1）构造方法。例如：

```
Integer i=new Integer(10);              //对象i，值为10
Boolean b=new Boolean(true);            //对象b，值为true
Character c=new Character('a');         //对象c，值为字符a
```

（2）valueOf() 方法。每个包装类都提供了一个名为 valueOf() 的类方法，可以产生包装类对象。例如：

```
Boolean b=Boolean.valueOf(true);        //对象b，值为true
Character c=Character.valueOf('a');      //对象c，值为字符a
Integer i=Integer.valueOf(10);           //对象i，值为10
Integer i=Integer.valueOf("20");         //对象i，值为20
```

（3）自动打包。为了简化包装类的使用，在 JDK5.0 以后的版本中提供了从基本数据类型到包装类对象的自动转换功能，称为"自动打包"。例如：

```
Integer i=9;                             //对象i，值为9
Boolean b=false;                         //对象b，值为false
```

同时，也提供了从包装类对象到基本数据类型的自动转换功能，称为"自动解包"。例如：

```
Float f=1.2f;                            //对象f，值为1.2
System.out.println(f*10);                //f自动解包成1.2f与10进行乘法运算
```

4.4.2 包装类的使用

1. 基本数值类型的包装类

（1）包装类对象转化为任一简单数据。表 4-2 中的 6 个类都能使用下面的 6 个实例方法，将其包装类的数值转化为 6 个基本数据类型中的一种：

```
byte    byteValue()       //返回byte型的数值
short   shortValue()      //返回short型的数值
int     intValue()        //返回int型的数值
long    longValue()       //返回long型的数值
float   floatValue()      //返回float型的数值
double  doubleValue()     //返回double型的数值
```

例如：

```
Integer I=new Integer(10);
float f=I.floatValue();                  //f=10.0
```

（2）包装类对象转化为字符串。每一个包装类都有 toString() 方法，该方法经过重载既是类方法又是实例方法，可以把包装类对象的数值转化为对应的字符串。例如：

```
Integer i=new Integer(100);
Float f=new Float(123.45f);
String str1=i.toString();                //str1赋值为"100"
String str2=Integer.toString(i);         //str2赋值为"100"
String str3=f.toString();                //str3赋值为"123.45"
String str4=Float.toString(f);           //str4赋值为"123.45"
```

（3）数字字符串转化为简单数据类型。每个包装类都定义一个类方法，可以显式地将数字组成的字符串转化为基本数据类型的数据。例如：

```
byte b=Byte.parseByte("10");
short s=Short.parseShort("234");
int i=Integer.parseInt("123");
long l=Long.parseLong("78463");
float f=Float.parseFloat("31.5");
double d=Double.parseDouble("76678.5325");
```

（4）十进制整数转化为其他数制表示的字符串。Integer 类中定义了将一个十进制数转化为其他数制表示的字符串的类方法：

```
toBinaryString(int i)    //以二进制无符号整数形式返回一个整数参数的字符串表示形式
toOctalString(int i)     //以八进制无符号整数形式返回一个整数参数的字符串表示形式
toHexString(int i)       //以十六进制无符号整数形式返回一个整数参数的字符串表示形式
```

2. 布尔类型的包装类

Boolean 类将基本类型为 boolean 的值包装在一个对象中。此类与数值类型的包装类一样，也提供了许多方法，一些方法的名称和用法与数值类型包装类的方法类似，下面列出几个方法，不做详细介绍。

```
booleanValue()        //将Boolean对象的值以对应的boolean值返回
toString()            //返回表示该boolean值的字符串
parseBoolean()        //将字符串转化为boolean值
```

3. 字符类型的包装类

Character 类在对象中包装了一个基本类型为 char 的值。常用方法如下：

```
charValue()            //返回此Character对象的值，实例方法
isUpperCase(char ch)   //判断参数字符是否为大写字母，类方法
isLowerrCase(char ch)  //判断参数字符是否为小写字母，类方法
toUpperCase(char ch)   //将参数字符转换为大写字母，类方法
toLowerrCase(char ch)  //将参数字符转换为小写字母，类方法
isDigit(char ch)       //判断参数字符是否为数字，类方法
isLetter(char ch)      //判断参数字符是否为字母，类方法
```

例 4-9 测试包装类的使用。

```java
//Example4_9.java
class Example4_9{
    public static void main(String args[]){
        int i1=1;                              //简单数据类型
        System.out.println("i1="+i1);
        Integer i2=new Integer(2);
        System.out.println("i2="+i2);
        Integer i3=Integer.valueOf(3);
        System.out.println("i3="+i3);

        Integer i4=4;                          //自动打包
        System.out.println("i4*2="+i4*2);      //自动解包

        Float f=i2.floatValue();
        //千万不要写成float f=i1.floatValue(); i1不是对象
        System.out.println("f="+f);            //输出f=2.0

        String str=f.toString();
        System.out.println("str="+str);        //输出str=2.0
        System.out.println(Float.toString(i1)); //输出1.0

        System.out.println(Integer.parseInt("12"));    //输出12
        System.out.println(Long.parseLong("12"));      //输出12
        System.out.println(Byte.parseByte("30"));
        //输出30，如果是300则越界，运行错误

        int i5=Integer.parseInt("232");
        System.out.println("i5="+i5);                  //输出i5=232

        boolean b1=Boolean.parseBoolean("true");
        System.out.println("b1="+b1);          //输出b1=true
        Boolean b2=false;
        System.out.println(b2.toString());     //输出false

        Character c1=97;
```

```
        System.out.println(c1.charValue());                    //输出a
        System.out.println(Character.isLowerCase('A'));        //输出false
        System.out.println(Character.isUpperCase('A'));        //输出true
        System.out.println(Character.isDigit('A'));            //输出false
        System.out.println(Character.isDigit('1'));            //输出true
        System.out.println(Character.isLetter('A'));           //输出true

        System.out.println(Character.toUpperCase('a'));        //输出A
        System.out.println(Character.toLowerCase('A'));        //输出a
    }
}
```

4.5　Math 类

Math 类中提供了众多数学方法，这些方法都被定义为 static 形式，所以在程序中应用比较简便。调用形式如下：

```
Math.数学方法
```

Math 类中还定义了一些常用数学常量，如 PI、e 等，这些数学常量被定义为类成员，调用时使用"Math.常量名"形式。

本节介绍 Math 类的几个常用方法。

1. 随机数方法

在 Math 类中存在一个 random() 方法，用于产生一个 double 型的随机数字，范围在 0.0（包含）～ 1.0（不包含）之间。在 Math.random() 的基础上稍加处理，就可以获取任意范围的随机数。

例 4-10　根据用户提供的两个整数参数返回两个参数之间的任意整数。

```
//Example4_10.java
class Example4_10{
    public static void main(String args[ ]){
        int small=Integer.parseInt(args[0]);        //将第一个参数转换成整数
        int big=Integer.parseInt(args[1]);          //将第二个参数转换成整数
        if(small>big){                              //保证small存小值，big存大值
            int temp;
            temp=small;
            small=big;
            big=temp;
        }

        int r=small+(int)(Math.random()*(big-small));   //生成两个参数之间的随机整数

        System.out.println(r);
    }
}
```

2. 最大值、最小值、绝对值方法

下面方法中形参 a 与 b 的数据类型为整型或浮点型：

```
max(a, b)        //求a、b两个数中的最大值
min(a, b)        //求a、b两个数中的最小值
abs(a)           //求a的绝对值
```

以上 3 个方法在 Math 类中经过多次重载，参数类型可以是多种数值类型，简单易用。

3. 取整数方法

double ceil(double a)	//返回大于等于参数a的最小整数
double floor(double a)	//返回小于等于参数a的最大整数
double rint(double a)	//返回与参数a最接近的整数，偶数优先

4. 指数方法

double exp(double a)	//返回e的a次方
double sqrt(double a)	//返回a的平方根，a不能为负数
double pow(double a, double b)	//返回a的b次方

4.6　其他类

Java 通用类库还提供很多实用的类供开发者使用，如 Random、BigInteger、BigDecimal、Date、DateFormat、Calendar、GregorianCalendar、Vector、Stack、Hashtable 等。

本节对 Random 类、日期时间类做简单介绍，Vector、Stack、BigInteger、BigDecimal、Hashtable 等类在后续的章节中有介绍，这里不再赘述。

4.6.1　Random 类

Random 类在 java.util 包中，它可以在指定的取值范围内随机产生数字。

1. Random 类的两种构造方法

Random()：无参构造方法，用于创建一个伪随机数生成器。

Random(long seed)：有参构造方法，使用一个 long 类型的 seed 种子创建伪随机数生成器。

无参的构造方法创建的实例每次使用的种子都是随机的，所以每个对象所产生的随机数不同。使用带参数的构造方法创建实例时会传入一个种子。如果传入的种子相同，可使 Random 对象产生相同序列的随机数。

2. Random 类的常用方法

前面介绍的 Math 类的 random() 方法只产生 double 型的随机数。相对于它而言，Random 类提供了更多的方法可以生成各种随机数，不仅可以生成浮点型的随机数，还可以生成整数类型的随机数，读者可以通过查看 API 文档来学习 Random 类的具体用法。

例 4-11　Random 类常用方法示范。

```java
//Example4_11.java
import java.util.Random;
public class Example4_11 {
    public static void main(String[] args) {
        Random r1 = new Random();
        System.out.println(r1.nextFloat());     //产生0.0到1.0之间的float类型的值
        System.out.println(r1.nextDouble());    //产生0.0到1.0之间的double类型的值
        System.out.println(r1.nextInt());       //产生此随机数生成器的序列中int类型的值
        System.out.println(r1.nextInt(10));     //产生0（含）到10（不含）之间int类型的值
        //创建对象时，如果传入了相同的种子6，则产生相同的随机数
        Random r2 = new Random(6);
        System.out.println(r2.nextInt());
```

```
        Random r3 = new Random(6);
        System.out.println(r3.nextInt());        //此处输出结果与r2.nextInt()的值相同
    }
}
```

4.6.2　日期时间类

　　Date 类和 Calendar 类都在 JDK 的 java.util 包中，用来处理日期、时间等操作。Date 类在设计上存在着一些缺陷，无法实现国际化。随着 JDK 版本的不断更新，Date 类中的大部分构造方法和普通方法都已经不再推荐使用。JDK 8 之后的版本中，Date 类只有以下两个构造方法可以用来实例化 Date 对象。

　　（1）Date()：用来创建当前日期和时间的 Date 对象。

　　（2）Date(long date)：用来创建指定时间的 Date 对象，其中，参数 date 表示从 1970 年 1 月 1 日起的毫秒数，以相对时间初始化对象。

　　Calendar 类的功能要比 Date 类强大很多，可以更好地完成日期和时间的操作，它在获取日期中的信息时考虑了时区等问题，但是其过于复杂。JDK8 提供了一套全新的日期时间库。

　　Calendar 类是一个抽象类，不可以被实例化，在程序中通过调用静态方法 getInstance() 来获取 Calendar 对象，然后才能调用其相应的方法。

```
Calendar c = Calendar.getInstance(); //创建一个代表系统当前日期的Calendar对象
```

Calendar 类提供了大量访问、修改日期时间的方法。

- public final void set(int year,int month,int date)：设置 Calendar 对象的年、月、日、时、分、秒字段的值。
- public void set(int field,int value)：将给定的 Calendar 字段设置为给定值。
- public void set(int field,int value)：设置 Calendar 对象的年、月、日字段的值。
- public int get(int field)：返回给定日历字段的值。
- public abstract void add(int field,int amount)：根据日历的规则，为给定的日历字段添加或减去指定的时间量。

　　上述很多方法都需要一个 int 型的 field 参数，field 是 Calendar 类的字段，如 Calendar. YEAR、Calendar.MONTH、Calendar.DAY_OF_MONTH、Calendar.HOUR、Calendar. MINUTE 等分别代表了年、月、日、小时、分钟等时间字段。需要注意的是 Calendar. MONTH 代表的这个月份是从 0 开始的，而不是从 1 开始的。

　　GregorianCalendar 类是 Calendar 的一个具体子类，提供了世界上大多数国家使用的标准日历系统。

```
GregorianCalendar gc = new GregorianCalendar();    //创建一个代表当前日期的GregorianCalendar对象
```

注意：参数中的月份跟其父类一样，是从 0 开始的。

```
//创建一个代表2019年10月1日的GregorianCalendar对象
GregorianCalendar gc = new GregorianCalendar(2019,10-1,1);
```

例 4-12　Calendar 及其具体子类 GregorianCalendar 类的用法示例。

```
//Example4_12.java
import java.util.*;
public class Example4_12 {
    public static void main(String[] args) {
```

```
        //创建日历类对象，获取当前系统时间
        Calendar c = Calendar.getInstance();
        System.out.println(c.get(Calendar.YEAR));
        System.out.println(c.get(Calendar.MONTH));
        System.out.println(c.get(Calendar.DAY_OF_MONTH));
        c.set(2019, 11, 1, 9, 10, 30); //将Calendar对象c的年月日时分秒设置成2019-12-1 09:10:30
        System.out.println(c.getTime());
        GregorianCalendar gc = new GregorianCalendar(2019, 12 - 1, 1);
        System.out.println(gc.getTime()); //2019-12-1
        int year=gc.get(Calendar.YEAR);
        System.out.println(year);
        //调用GregorianCalendar类中的isLeapYear(int year)方法判断年份是否是闰年
        System.out.println(year+"是闰年吗？ "+gc.isLeapYear(year));
    }
}
```

为了满足更多的需求，JDK8 中新增了一个 java.time 包，该包中包含了更多的日期和时间操作类。

- Clock：用于获取当前时区的日期、时间。
- Duration：代表持续时间，用于获取一个时间段。
- Instant：用于获取一个具体的时刻，提供了静态的 now() 方法来获取当前的时刻，也提供了静态的 now(Clock clock) 方法来获取 clock 对应的时刻。
- LocalDate：用于不带时区的日期。
- LocalTime：用于不带时区的时间。
- LocalDateTime：用于不带时区的日期、时间。
- Year：该类仅代表年。
- YearMonth：该类仅代表年月。
- Month：一个枚举类，定义了一月到十二月的枚举值。
- MonthDay：该类仅代表月日。
- DayOfWeek：一个枚举类，定义了周日到周六的枚举值。
- ZonedDateTime：该类代表一个时区化的日期、时间。
- ZoneId：该类代表一个时区。

例 4-13　新增的日期和时间类的用法示例。

```
//Example4_13.java
import java.time.*;
public class Example4_13 {
    public static void main(String[] args) {
        //获取当前Clock
        Clock clock = Clock.systemUTC();
        System.out.println("获取的标准时间： " + clock.instant());
        System.out.println("获取到的毫秒数： " + clock.millis());
        //Duration
        Duration d = Duration.ofDays(1);
        System.out.println("一天有" + d.toHours() + "小时");
        System.out.println("一天有" + d.toMinutes() + "分钟");
        //获取当前日期LocalDate
        LocalDate ld = LocalDate.now();
        System.out.println("当前日期是： " + ld);
```

```
//LocalTime
LocalTime lt = LocalTime.now();
System.out.println("当前日期是： " + lt);
//获取当前日期、时间LocalDateTime
LocalDateTime ldt = LocalDateTime.now();
System.out.println("当前的日期时间是： " + ldt);
//当前日期时间加上1天2小时10分钟
LocalDateTime ft = ldt.plusDays(1).plusHours(2).plusMinutes(10);
System.out.println("当前日期时间的基础上，加上1天2小时10分钟是： " + ft);
//获取年份、月份、月份和日期
System.out.println("当前年份： " + Year.now());
System.out.println("月份： " + Month.JUNE);
System.out.println("当前月份和日期： " + MonthDay.now());
//DayOfWeek
System.out.println(DayOfWeek.MONDAY);
System.out.println(DayOfWeek.THURSDAY);
//获取ZoneId
ZoneId zi = ZoneId.systemDefault();
System.out.println("当前的时区是： " + zi);
    }
}
```

本章小结

通过本章的学习，读者应该能够掌握数组的定义和使用、字符串的定义和使用，理解包装类，会使用相关方法进行包装类与对应简单类型的转换，会用 main 方法的参数从命令行上接收参数，了解 Math 等类的使用。

在 Java 中，还有很多类和方法需要读者参照帮助文档，勤写多练才能学会。

练习 4

一、简答题

1. 举例说明 Java 语言中一维数组的声明和实例化过程，以及初始化一个数组的过程。
2. 每一个数组对象都有一个保存其长度的属性 length，该属性如何使用？
3. 字符串 String 类有哪些常用方法？
4. 基本数据类型的包装类有哪些？如何使用基本数据类型的包装类？

二、选择题

1. 为了定义 3 个整型数组 a、b、c，下面声明正确的语句是（　　）。
    A．int Array[] a,b; int c[]={1,2,3,4,5};　　B．int[] a,b; int c[]={1,2,3,4,5};
    C．int a,b[];int c:{1,2,3,4,5};　　D．int[] a,b; int c={1,2,3,4,5};
2. 以下程序段的结果是（　　）。
    ```
    char a[]={'a','b','c','d'};
    char b[]=new char[4];
    b=a;
    ```

```
for(int i=3; i>0; i--)
    System.out.print(b[i]);
```
    A．abcd   B．abc   C．dcba   D．dcb

3．下列数组的初始化语句中正确的是（ ）。

    A．char c[ ]= "hello";   B．char c[10]= "hello";

    C．char c[ ]= {'h','e','l','l','o'};   D．char c[ ]={'hello'};

4．定义了一个有 10 个 int 型元素的数组 a 后，下面引用错误的是（ ）。

    A．a[0]=1;   B．a[10]=5;   C．a[1]=4*6;   D．a[2]=a[1]*a[0];

5．引用数组时，数组的下标可以是（ ）。

    A．整型常量   B．整型变量   C．整型表达式   D．以上均可

6．以下程序执行后，输出结果是（ ）。

```
int[] x={122, 33, 55, 678, -987};
int max=x[0];
for(int i=1; i<x.length; i++)
    if(x[i]>max)
        max=x[i];
```
    A．122   B．678   C．-987   D．55

7．以下程序段的结果是（ ）。

```
String str="abcdefghijk";
String s="bcde";
int index=0;
index=str.indexOf(s,index);
str=str.substring(0,index)+str.substring(index+4);
System.out.println(str);
```
    A．abcdefghijk   B．afghijk   C．abcdc   D．bcdefghijk

8．以下程序段的结果是（ ）。

```
String str="abcdefg";
str = str.toUpperCase();
str = str.substring(1);
System.out.println(str);
```
    A．bcdefg   B．BCDEFG   C．abcdefg   D．ABCDEFG

9．将小写字母 a 转换为大写字母 A 的方法是（ ）。

    A．Character.toLowercase('A')   B．Character.toLowerCase('A')

    C．Character.toUppercase('a')   D．Character.toUpperCase('a')

10．将 float 数值 2.3 转换为字符串 "2.3" 的方法是（ ）。

    A．Float.tostring(2.3F)   B．Float.toString(2.3F)

    C．Float.valueOf(2.3F)   D．Float.toString(2.3)

三、程序题

1．阅读下面的程序，说明该程序实现的功能。

```
class Test{
    public static void main(String args[]){
        int x;
        double y;
        x=Integer.parseInt(args[0]);
```

```
        System.out.println("输入的数为： "+x);
        y=Math.sqrt(x);
        System.out.print(x+"的平方根为： "+y);
    }
}
```

2. 阅读下面的程序并根据提示补充完整。

本程序将主方法的参数逐个打印输出，文件名为 MTest.java。

```
_____   //类的声明
{ public static void main(String args[]){
    int n=args._____;   //n为数组长度
    if(n==0)
        System.out.println("没有参数");
    else
        {System.out.println("参数的个数为： "+n);
         for(int i=0; _____)
             System.out.println("args["+i+"]="+ _____;   //打印数组元素
        }
    }
}
```

3. 阅读下面的程序并根据提示补充完整。

本程序的功能是统计字符串中有多少个"好"字。

```
public class LianXi{
    public static void main(String args[]){
        String s="你好我好大家好!";
        int n=_____;      //字符串长度
        int count=0;         //计数初值
        for(int i=0; i<n; i++ )
            if(_____)     //找出"好"字
            _____;        //计数
        System.out.println("该字符串中有"+ _____+"个好字" );
    }
}
```

4. 编写一个程序，从命令行输入 5 个整数，保存在一个数组中，排序后输出这 5 个数。（提示：排序使用 Arrays 类的 sort 方法。）

5. 编写一个程序，生成一个随机整数数组（个数从命令行指定），然后按从大到小的顺序输出该数组元素。

第 5 章　类的继承与多态

本章导读

继承性和多态性是面向对象程序设计语言的主要特性。通过继承，可以快速地开发出新的类，实现程序代码的再利用，提高程序设计的效率，也使得类和类之间形成了一种层次关系。多态性可以弥补派生类与基类间的单继承功能限制，提高了程序设计的抽象性和简洁性，是降低软件复杂性的有效技术。继承是多态的基础，没有继承就没有多态。

本章主要介绍类的继承机制、final 关键字与终止继承、super 的用法、组合技术、抽象类、接口、内部类等内容。读者应该掌握和理解面向对象程序设计中继承和多态的概念及其在软件开发中的优缺点，了解类的层次结构，掌握抽象类的概念及定义方法、接口的实现技术等。

本章要点

- ⚲ 类的继承。
- ⚲ final 关键字修饰方法和类。
- ⚲ super 关键字。
- ⚲ 组合技术。
- ⚲ 类的多态。
- ⚲ 抽象类。
- ⚲ 接口。
- ⚲ 内部类。

5.1　类的继承

继承是一种由已有的类作为基础派生出新类的机制，是实现类的复用的重要手段。

5.1.1　继承的特点

在 Java 程序中，实现类的继承关系使用 extends 关键字。

通过继承关系定义一个子类的一般格式是：

```
class 子类名 extends 父类名 {
    子类类体
}
```

如果现在需要开发一个学生管理系统，就需要定义一个学生类（Student），学生具有人的一般特性，定义的学生类只要继承人类中已经定义的属性和方法，然后根据学生类的特点添加一些学生所特有的属性和方法，这样可以简化学生类的定义。下面的代码是利用

第 1 章的案例中定义的 People 类来构建 Student 类的方式，也就是利用 Java 程序设计中的继承机制来实现的。

```
class People{
    String name;
    int age;
    public void selfInfo(){
        System.out.println("我的名字是"+name);
        System.out.println("年龄是 "+age+"岁");
    }
}
class Student extends People{
    private String school;
    private int sno;
    public void selfInfo(){
        super.selfInfo();    //调用父类的selfInfo方法
        System.out.print("，所在学校："+school);
        System.out.println("，学号是"+sno);
    }
}
```

实现继承的类叫子类，也叫派生类，例如 Student 类。被继承的类称为父类，也叫基类或超类，例如 People 类。父类和子类是一种一般与特殊（is-a）的关系。学生类继承了人类，那么学生类此时拥有 4 个属性：name、age、school、sno，其中前两个属性继承自父类 People，后两个属性是学生类新增加的属性，还拥有一个重写了父类的 selfInfo 方法。

Java 只允许单继承，也就是说一个子类只能有一个直接父类。如下面的代码将会引起编译错误。

```
class SubClass extends Base1,Base2{...}
```

子类是一个比父类更具体的类，如"学生是人""轿车是车"，这里的"学生"和"轿车"分别是对"人"和"车"的具体化，因此它们比父类"人"和"车"拥有更多的属性和方法，即一个类在继承父类时常常要对父类进行如下的扩展：

● 添加新的成员变量（属性）。
● 添加新的成员方法（操作）。
● 隐藏父类的属性。
● 重写父类中的方法。

在使用继承机制设计程序时，可以先创建一个具有公有属性的一般类，根据一般类再创建具有特殊属性的新类，新类继承一般类的状态和行为，并根据需要增加它自己特有的状态和行为。因此，可以通过继承快速地开发出新的类，实现程序代码的再利用，提高程序设计的效率。

5.1.2　属性的隐藏

如果子类中定义了与父类中同名的属性，则在子类中访问该属性时，默认情况下引用的是子类自己定义的成员属性，而父类里的该成员属性被"隐藏"起来了。因此，隐藏是指子类对父类中的同名属性进行了重新定义，父类中的属性被隐藏。在子类中，重新定义的属性的数据类型可以与父类中的类型相同，也可以与父类中的类型不同。

属性的隐藏是由于在子类中定义了与父类中同名的属性，这可能会造成对程序理解上的混乱，而且实际用处不大，建议尽量避免使用。

5.1.3 方法的重写

大部分时候，子类通过继承拥有了父类的属性和方法，再根据需要增加新的属性和方法。但是如果子类继承来的父类的方法不能满足子类特有的需求时，就需要重写父类的方法。通过方法重写可以将父类中的方法改造为适合子类使用的方法。

方法的重写是指子类中重新定义了与父类中同名的方法，又称方法的覆盖。方法的重写通常具有实际意义，例如学生类中重写了与父类中同名的 selfInfo 方法，因为输出学生信息时，不但要输出普通人所具有的姓名和年龄信息，还要输出学生所特有的学校和学号等信息。

有关方法的重写（覆盖）需要注意以下几点：

（1）被覆盖的方法在子类中被访问时，将访问在子类中定义的方法。

例如鸟类一般都会飞，所以定义鸟类时会包含飞行的方法，由于鸵鸟是一种特殊的鸟类，它继承鸟类时也将继承飞行的方法，但这个飞行的方法明显不适合鸵鸟，所以鸵鸟这个子类需要重写鸟类中的这个方法。

```
//Ostrich.java
class Bird{
  public void fly(){
     System.out.println("鸟儿在天空中自由飞行。");
  }
}
public class Ostrich extends Bird{
  //重写父类的fly方法
  public void fly(){
     System.out.println("鸵鸟不会飞，只会跑。");
  }
  public static void main(String args[]){
     Ostrich sc=new Ostrich();
     sc.fly();    //访问子类中的fly方法
  }
}
```

程序的运行结果为：

```
鸵鸟不会飞，只会跑。
```

（2）方法的重写需要子类中的方法头和父类中的方法头完全相同，即应有完全相同的方法名、返回值类型和参数列表。

（3）如果不希望子类对从父类继承来的方法进行重写，则需要在方法名前加 final 关键字。

在上例的父类中加 final，如下：

```
public final void fly(){ //此时子类不能重写这个方法
   System.out.println("鸟儿在天空中自由飞行。");
}
```

（4）子类中重写的方法不能比它所重写的父类中的方法有更严格的访问权限（可以相同或更大）。

例如程序中定义了两个类 A 和 B，A 类中定义了一个用 protected 修饰的成员变量 a 和一个用 protected 修饰的方法 showA()，B 继承了 A。

```
class A{
    protected int a = 1;
    protected void showA(){
        System.out.println(a);
    }
}
class B extends A{
    private int a = 2;
    void showA(){ //错误，缺省的访问权限比父类中showA方法的protected小
        System.out.println(a);
    }
}
```

protected 修饰的成员可以被不同包中的子类访问，而包访问特性的成员只能被同一个包中的类访问，不能被不同包中的子类访问。因此，子类的 showA() 方法比父类的 showA() 方法有"更严格的访问权限"，所以程序出现错误。可以在子类的 showA 前面加 public 或 protected 修饰符，使其具有与父类中 showA 相同或更大的访问控制权限。而对于属性没有这样的要求，上例中父类的 a 用 protected 修饰，而子类的 a 用 private 修饰，这是允许的。

那么，一个子类是不是可以访问父类的所有属性和方法呢？

当然不是，子类是否可以访问父类的成员变量和成员方法，取决于父类成员变量和成员方法在定义时所加的访问控制符。

在程序设计中，决定一个成员用什么访问控制符修饰，要视具体情况而定：

- 如果是类中对外提供的接口，就要使用 public 修饰。
- 如果是不希望被外界访问的成员变量和方法，则应当用 private 修饰。
- 如果是子类中可以访问的成员，则要用 protected 修饰。
- 如果是该类所在包中的其他类可以访问的成员，则要用默认访问状态。

5.1.4 final 关键字与终止继承

在 Java 语言中，final 关键字有 3 种用法：修饰变量、修饰方法和修饰类。

1. 修饰变量

在第 3 章中曾经讲过，如果一个变量（成员变量或局部变量）被 final 关键字修饰，则该变量就是常量，只能被赋值一次。

2. 修饰方法

一个方法如果不希望在子类中被重写，就要用 final 修饰，这种情况下，子类只能从父类继承该方法，而无法对父类中的此方法进行重写。这种做法的好处是可以防止子类对父类中的关键方法进行重写时产生错误，增加了代码的安全性和正确性。

```
class F{
    final void show(){
        System.out.println("a final method.");
    }
}
class S extends F{
    void show(){ //错误，不能重写父类中用final修饰的方法
        System.out.println("override a final method.");
    }
}
```

将一个方法声明为 final 的另一个原因是为了提高类的运行效率。如果将方法声明为用 final 修饰的最终方法，则编译器可以将该方法的字节码直接放入调用它的程序中，因此提高了程序执行的速度。

3. 修饰类

如果一个类不希望被其他类继承，则可以在定义该类时加上 final 关键字，终止继承。被 final 修饰的类不能有派生类，通常有固定的功能或完成一些标准的操作，也可以防止子类破坏父类。在 Java API 中有很多用 final 修饰的类，如 java.lang.String 类、java.lang.Math 类和 java.lang.System 类等。

下面是一个示例程序片段。

```
final class X{
    ...
}
class Y extends X{
    ...
}
```

该程序将产生编译错误，因为 X 被 final 修饰，故无法被 Y 继承。

总结：

（1）被 final 修饰的类不能被继承。通常具有固定的功能，要求在子类中不能进行修改以达到其他目的。

（2）被 final 修饰的方法不能被子类重写。防止子类对父类中的关键方法进行重写时产生错误，增加了代码的安全性和正确性。

（3）被 final 修饰的变量（成员变量或局部变量）即为常量，只能赋值一次。

5.1.5 super 关键字

当子类隐藏了父类的属性或重写了父类的方法后，子类对象将无法访问父类中被重写的方法和被隐藏的属性，如果需要在子类中访问父类中被重写的方法和被隐藏的属性，则可以使用关键字 super。

super 主要的功能是完成子类调用父类中的属性或方法。

1. 调用父类中的属性或方法

格式如下：

```
super.父类中的属性;
super.父类中的方法;
```

在下面的程序片段中，使用 super.x 访问父类中被隐藏的属性 x：

```
class F{
    int x = 1;
}
class S extends F{
    int  x=super.x+2;
}
```

2. 调用父类的构造方法

格式如下：

```
super([参数列表]);
```

子类可以继承父类中的普通方法和属性，那么父类中的构造方法能够被继承吗？

```java
//Example5_1.java
class People {
    protected String name ;
    protected int age ;
    public People() {
        System.out.println("父类的构造方法") ;
    }
}
class Student extends People {
    private String school ;
    public Student() {
        System.out.println("子类的构造方法");
    }
}
public class Example5_1 {
    public static void main(String[] args) {
        new Student() ;
    }
}
```

程序的运行结果：

```
父类的构造方法
子类的构造方法
```

该类中实例化的是子类 Student 的对象 s，但是程序却先去调用父类 People 中的无参构造方法，之后才调用了子类本身的构造方法。

由此可以得出结论：构造方法不能被继承，但是子类对象在实例化时会默认先去调用父类中的无参构造方法，之后再调用本类中的相应构造方法。

实际上在子类构造方法的第一行默认隐含了一个 "super()" 语句，即：

```java
class Student extends People{
    protected String school ;
    public Student() {
        super() ;    //实际上在这里隐含了这样一条语句
        System.out.println("子类的构造方法");
    }
}
```

注意前面介绍过，如果程序中指定了构造方法，则默认构造方法不会再自动生成，需要手动在 People 类中增加一个无参的构造方法来保证使用无参构造方法实例化子类对象时程序的正确性。

```java
class People {
    protected String name ;
    protected int age ;
    public People(){}       //手动添加的无参构造方法
    public People(String name, int age) {
        this.name = name ;
        this.age = age ;
    }
}
class Student extends People {
```

```
      private String school ;
      public Student() { }
  }
  public class Example5_1 {
      public static void main(String[] args) {
        new Student() ;
      }
  }
```

如果想通过调用有参数的构造方法来完成 Student 对象的初始化，People 类代码不变，要使程序不出现编译错误，可进行如下更改：

```
  class Student extends People {
      private String school ;
      public Student() {}
      public Student(String name,int age,String school){
      //明确调用的是父类中有两个参数的构造方法，编译时不再去找父类中无参的构造方法
        super(name,age);
        this.school=school;
      }
  }
  public class Example5_1 {
      public static void main(String[] args) {
        new Student("张强",20,"北京大学") ;
      }
  }
```

注意：用 super 调用父类中的构造方法时只能放在程序中方法体的第一行，使用 super 调用父类的非构造方法时，是否放在首行根据需要来确定。

```
  //S.java
  class F{
      protected void show(){
        System.out.println("F类中的show方法");
      }
  }
  public class S extends F{
      protected void show(){
        System.out.println("S类中的show方法");
        super.show();    //使用super调用父类被覆盖的非构造方法，位置根据需要确定
      }
      public static void main(String[] args){
        new S().show();
      }
  }
```

3. super 和 this 的使用规则

（1）super 与 this 调用构造方法的操作不能同时出现。

（2）super 或 this 都是相对于某个对象而言的，而 static 是相对于类而言的，所以不能在类方法里用 this 或 super。

```
  class F{
      protected void show(){
        System.out.println("F类中的show方法");
      }
```

this 和 super
综合实例

```
    }
class S extends F{
    protected void show(){
        System.out.println("S类中的show方法");
    }
    public static void main(String[] args){
        new S().show();
        super.show();    //错误，静态方法中不能使用super
    }
}
```

5.1.6　子类中重载父类的方法

在子类中也可以重载父类中已有的方法。子类中重载的方法应与父类中重载的方法具有相同的方法名和不同的参数形式。

下面通过一个实例来说明方法重载与方法重写的区别。

```
class F{
    protected void show(){System.out.println("F类中的show方法");}
}
class S extends F{
    protected void show(){System.out.println("S类中的show方法");}
    void show(int a){System.out.println(a);}
    public static void main(String[] args){
        new S().show(3);
        new S().show();
    }
}
```

其中，子类 S 中的 show() 方法重写了父类 F 中的 show() 方法，show(int a) 方法重载了父类 F 中的 show() 方法。

5.1.7　类的层次结构

因为有了继承，使得类和类之间形成了一种层次关系，如图 5-1 所示，最顶层是 Object 类。

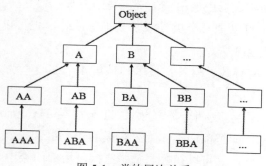

图 5-1　类的层次关系

在 Java 语言中，java.lang.Object 类是所有类直接或间接的父类。在一个类定义中，如果没有直接指出它的父类，那么就默认该类的父类为 Object。例如：

```
class People{
    String name;
```

```
    int age;
}
```

就等价于：

```
class People extends Object{
    String name;
    int age;
}
```

既然所有的类都直接或间接继承了 Object 类，那么 Object 类中定义的所有 public 方法可以被任何一个 Java 类使用，例如 toString 方法比较常用。

```
public String toString()
```

该方法返回一个字符串，该字符串由类名（对象是该类的一个实例）、at 标记符 "@" 和此对象哈希码的无符号十六进制数表示组成。换句话说，该方法返回一个字符串，它的值为 getClass().getName() + '@' + Integer.toHexString(hashCode())。例如：

```
TestObj myObj=new TestObj();
System.out.println (myObj.toString());
System.out.println (myObj);    //输出对象名称时系统会自动调用toString方法
```

输出结果为类似 TestObj@15037e5 的 2 个字符串，但这样的信息意义不大。实际应用中，toString 方法的返回结果应该是一个简明易懂且有意义的信息表达式。因此，建议所有子类都重写此方法。

5.1.8　继承与组合

继承实现了类的高度复用，减少了代码量，应用起来非常方便，但是它也增加了子类与父类的耦合性，父类的实现细节完全暴露给了子类，有可能会造成子类对父类数据和方法的恶意篡改。为了保证父类的良好封装性，应该做到以下几点：

（1）尽量将父类的成员变量私有化，不要让子类直接访问父类的成员变量。如果有些属性需要被子类继承，则应该用 protected 修饰。

（2）不要让子类随意访问、修改父类的方法。如果父类中的方法需要被外部类调用，则必须是 public 的，但是又不希望被子类重写该方法，则可以用 final 来修饰；如果允许被子类重写，但是不希望被其他类自由访问，则可以用 protected 来修饰。

（3）尽量不要在父类构造器中调用被子类重写的方法，容易引起混乱。

在类的复用中，除了可以把一个类当成基类来继承外，也可以利用组合来实现复用，即把类当成另一个类的组合成分。

【案例 1】一 IT 公司有行政、财务、技术和销售 4 个部门，现需要招聘技术和销售人员，编写程序输出招聘信息。

程序解析：根据题意需要定义两个类，分别是 IT 公司类（ITComany）和部门类（Section），在公司类中包含部门信息，即把部门类作为公司类的一个组合成分来使用，达到既可以使两个类都具有良好的封装性，又可以在公司类中直接复用部门类中的方法的目的。

```
//TestCompose.java
class ITCompany{
    private String name;        //公司名称
    private String city;        //所在城市
    private Section sc;         //部门
    public ITCompany(String name,String city,Section sc){
```

```
            this.name=name;
            this.city=city;
            this.sc=sc;
        }
        //显示公司招聘信息
        public void showResult(){
            System.out.print(name+"\t"+city+"\t");
            System.out.println(sc.getScName()+"\t"+sc.getTitle()+"\t"+sc.getSalary());
        }
    }
    class Section{
        private String scName;          //部门名称
        private String title;           //招聘岗位
        private float salary;           //工资
        public String getScName() {
            return scName;
        }
        public void setScName(String scName) {
            this.scName = scName;
        }
        public String getTitle() {
            return title;
        }
        public void setTitle(String title) {
            this.title = title;
        }
        public float getSalary() {
            return salary;
        }
        public void setSalary(float salary) {
            this.salary = salary;
        }
    }
    public class TestCompose{
        public static void main(String[] args){
            Section sc1 = new Section();
            sc1.setScName("技术部");
            sc1.setTitle("经理");
            sc1.setSalary(9000);
            Section sc2=new Section();
            sc2.setScName("技术部");
            sc2.setTitle("开发人员");
            sc2.setSalary(6500);
            Section sc3 = new Section();
            sc3.setScName("销售部");
            sc3.setTitle("销售人员");
            sc3.setSalary(5000);
            System.out.println("公司名称\t城市\t部门\t岗位\t工资\t");
            ITCompany itc1=new ITCompany("XX公司", "北京", sc1);
            itc1.showResult();
            ITCompany itc2=new ITCompany("XX公司", "北京", sc2);
            itc2.showResult();
```

```
        ITCompany itc3=new ITCompany("XX公司", "北京", sc3);
        itc3.showResult();
    }
}
```

继承和组合都可以实现代码的复用，但是在具体使用时应该根据情况进行选择：

（1）如果表达的是一种"是（is-a）"的关系，即两个类之间是一种一般与特殊的关系，那么使用继承实现。

（2）如果表达的是一种"有（has-a）"的关系，即一个类中有另一个类的成分，则使用组合技术。

5.2 多态

多态是同一个行为具有多个不同表现形式或形态的能力。通过多态可以减少类中的代码量，提高代码的可读性、可扩展性和可维护性。

在 Java 语言中，多态性分为两种类型：编译时多态和运行时多态。

5.2.1 方法重载引发的编译时多态性

前面介绍过，重载是指在同一个类（也可以是子类与父类）中，同一个方法名被定义多次，但所采用的参数列表不同。在方法重载的编译阶段，编译器会根据参数的不同具体来确定要调用哪个重载的方法。

如下面的程序中定义了一个类 TestMax：

```
class TestMax{
    ...
    int max(int x,int y){ ... }
    float max(float x,float){ ... }
    int max(int x, int y,int z){ ... }
    ...
}
```

类 TestMax 中定义了 3 个重载的 max 方法，当比较数的大小时，会根据方法中实参的类型或个数确定调用类 TestMax 中的哪个 max 方法。如程序中有下面的语句：

```
TestMax tx = new TestMax();
System.out.println(tx.max(5.2f,9.8f));
```

则系统可以确定调用类中带两个 float 型参数的 max 方法。

5.2.2 引用多态引发的运行时多态性

继承是多态的基础，特别是引用多态时。在介绍类的层次结构时我们说过，一个父类可能有多个子类。例如 Shape 类（形状类）是父类，而日常所说的"矩形是一种形状""圆也是一种形状"等，这里的矩形、圆都是 Shape 的子类。

一个父类的引用变量可以指向一个子类的实例对象。

```
class Shape{...}
class Circle extends Shape{...}
class Rectangle extends Shape{...}
```

声明一个 Shape 类的引用变量 sp 如下：

```
Shape sp;
```

sp 可能在程序运行的不同时刻指向 Shape 类的不同子类对象。例如：

```
Shape sp=new Circle();
Shape sp=new Triangle();
Shape sp=new Rectangle();
```

这种赋值是将一个子类对象直接赋给一个父类的引用变量，即将类继承层次结构中的下层对象转化为上层对象，称为向上类型转换（或向上转型），这是由系统自动完成的。

当把一个子类对象直接赋给父类的引用变量时，例如上面的 Shape sp=new Circle(); 语句中的 sp 引用变量的编译类型为 Shape，而运行时类型为 Circle。当运行时调用该引用变量的方法时，其方法行为表现为子类的方法行为特征，而不是父类的方法行为特征，即相同类型的引用变量调用同一个方法时会呈现出多种不同的行为特征，这就是多态。例如运行时，某一时间段 sp 指向圆求面积的方法与某一时间段指向矩形求面积的方法是不同的。

对于多态性的一个引用，调用方法的原则是，Java 运行时，系统会根据调用该方法的实例来决定调用哪个方法。对子类的一个实例，如果子类重写了父类的方法，则运行时系统调用子类的方法；如果子类继承了父类的方法（未重写），则运行时系统调用父类的方法。即一个父类的引用会根据当前所指向对象的不同调用相应子类中被重写的方法，这就是所谓由引用多态引发的运行时多态性。

注意：向上转型对象不能操作子类新增加的属性和方法。

如果存在将父类的实例赋给子类的一个引用时，即 Circle cr=new Shape(); 这样的赋值是不被允许的。如果的确需要这样的赋值，则只能进行强制类型转换，即父类对象赋给子类对象时要使用强制类型转换，如下：

```
Circle cr=(Circle)new Shape();    //慎用这种形式，有可能会因引用不当造成运行时错误
```

【案例 2】利用引用多态性编写程序，实现求圆、矩形等图形的面积。

程序解析：定义一个形状类 Shape，不同的 Shape 子类计算面积的方法也不同，即 Shape 类无法准确给出求面积的方法，此时方法返回 0。圆（Circle）、矩形（Rectangle）是不同的形状，但它们都是 Shape 的子类，不同形状的子类求面积的方法是不同的，因此需要在子类中重写 Shape 类的求面积的方法。

```java
//TestShape.java
//形状类
class Shape{
    public double area(){
        return 0;
    }
}
//圆类
class Circle extends Shape{
    private double r;
    public Circle(double r){
        this.r = r;
    }
    public double area(){
        return 3.14 * r * r;
    }
    public String toString(){
```

```
            return "圆的半径是：" + r ;
        }
    }
    //矩形类
    class Rectangle extends Shape{
        private double width;
        private double height ;
        public Rectangle(double width, double height){
            this. width = width;
            this. height = height;
        }
        public double area(){
            return  width * height;
        }
        public String toString(){
            return "矩形的宽是：" + width + "，高是：" + height;
        }
    }
    //测试类
    public class TestShape{
        public static void main(String[] args){
            Shape[] shapes = new Shape[3];
            shapes[0] = new Circle(23.4);
            shapes[1] = new Rectangle(23.4,56.0);
            shapes[2] = new Circle(2.0);
            for(int i = 0; i < shapes.length; i++){
                System.out.printf(shapes[i] + "，面积是：%.2f",shapes[i].area());
                System.out.println();
            }
        }
    }
```

该案例中，多态性体现在 shapes[i].area() 方法的调用上，当 i 取不同的值时，shapes[i] 表示不同形状的对象，因而系统会自动根据 shapes[i] 中所保存对象的所属类调用相应类中求面积的方法，从而实现了多态性。

5.3　抽象类

某些类在现实世界中是不能直接找到其对应的实例的，例如车这个类，现实世界中只有汽车、自行车、火车等事物，而它们都是车的子类，不能说是车这个类的实例，这样的类称为抽象类。

Java 允许在类中只声明方法而不提供方法的实现，即一个方法在定义时不能确定其方法体的具体内容时可以定义为抽象方法。

如果一个类中有抽象方法，则这个类应该定义为抽象类。抽象类在使用上有特殊的限制，即不能创建抽象类的实例。

5.3.1　抽象方法

在 Java 语言中，抽象方法要用 abstract 关键字来修饰，没有方法体，只有方法的声明部分（即方法头），直接以";"结束。

抽象方法的定义格式为：

```
abstract 返回类型 抽象方法名([参数列表]);
```

例如：

```
public abstract class Student{
    public abstract void study();
}
```

不同阶段的学生学习的内容不同，所以 Student 类的不同子类的 study 方法实现时是不一样的，Student 类中不能确定方法体的具体内容，因此将 study 方法定义为抽象方法。

父类中定义的抽象方法要在子类中实现。在子类中实现父类定义的抽象方法时，其方法名、返回值和参数类型要与父类中的抽象方法的方法名、返回值和参数类型相一致。

由于一个父类可能有多个子类，而每个子类又对父类中的同一个抽象方法给出了不同的实现过程，这样就会出现同一个名称、同一种类型的返回值的方法在不同的子类中实现的方法体不同的情况，这正是多态性的体现。

使用抽象方法时应该注意以下几点：

- 抽象方法需要在普通方法上增加 abstract 修饰，不能有方法体，并以";"作为结束。
- 抽象方法在子类中要重写，因此不能用 private 或 static 修饰。
- 一个类的构造方法不能声明成抽象的。

5.3.2 抽象类

包含一个或多个抽象方法的类必须被声明为抽象类。

一个抽象类用 abstract 关键字修饰，定义抽象类的格式如下：

```
abstract class 抽象类名{
    ...
}
```

一个抽象类可以包含成员变量、方法（普通方法或抽象方法）、构造器、初始化块、内部类 5 个部分。抽象类的构造器不能用于创建实例，主要被其子类调用。

```
abstract class Shape{
    private String color;
    public abstract double area();          //求面积的抽象方法
    public abstract double perimeter();     //求周长的抽象方法
    public Shape(){}
    public Shape(String color){
        this.color=color;
    }
    public String getColor() {
        return color;
    }
}
//圆类
class Circle extends Shape{
    private double r;
    public Circle(){}
    public Circle(String color,double r){
        super(color);
```

```
        this.r = r;
    }
    public double area(){
        return 3.14 * r * r;
    }
    public double perimeter(){
        return 2*3.14 * r;
    }
    public String toString(){
        return "圆的颜色是：" +getColor()+"，半径是：" + r ;
    }
}
//矩形类
...
...
//主类
public class TestShape{
    public static void main(String[] args){
        Shape s1=new Circle("红色",6);
        System.out.print(s1);
        System.out.print("，面积为"+s1.area());
        System.out.println("，周长为"+s1.perimeter());
        ...
    }
}
```

使用抽象类时应该注意以下几点：

● 若类中包含了抽象方法，则该类必须定义为抽象类。

● 抽象类中不一定要包含抽象方法，即使没有一个抽象方法的类也可以声明成抽象类。

● abstract 只能修饰类和方法，不能用来修饰成员变量和局部变量，因为那样没有任何意义。

● 抽象类必须被继承，抽象方法必须在子类中被重写，除非这个子类也是一个抽象类。

● 抽象类不能用来实例化对象，即如果 A 是一个抽象类，在程序中不能出现语句"A a= new A();"，因为抽象类只能用于继承，不能创建其对象。

由于一个抽象类可能有多个子类，因此抽象类的引用可以在某段时间内指向不同子类的对象，这样抽象类的这个引用就是一个多形态的引用。这个引用在调用子类中被重写的方法时会根据该引用当前所指向对象类型的不同而调用不同子类中的相应方法，这就是由抽象类引起的多态。

综上所述，抽象类是将多个具体类的共同特征抽象出来的父类，然后以这个抽象类作为其子类的模板，既能使得子类在抽象类的基础上进行扩展和改造，又可以避免子类设计的随意性。利用抽象类和抽象方法可以更好地发挥多态的优势，使得程序更加灵活和简练。

5.4　接口

在 Java 语言中，组成程序的基本结构有两种：类和接口。接口是一种与抽象类相似的结构，一个接口在编译后也要生成一个字节码文件。

　　除了之前的版本中可以定义的静态常量和抽象方法之外，JDK8 开始增加了静态方法和默认方法，而从 JDK9 开始允许定义私有方法（包括普通私有方法和静态私有方法）。

5.4.1　接口的定义

　　类是一种具体的实现，而接口定义的是一批类所要遵守的一种规范。接口不关心实现它的类的内部状态信息。例如主板上的 PCI-EX 插槽，只要插入该插槽内的显卡遵守 PCI-EX 接口的规范，那么它与主板就可以正常通信，至于这块显卡是哪个厂家生产的，内部又是如何实现的，则无须关心。

　　定义一个接口要使用 interface 关键字，其常用语法格式如下：

```
[修饰符] interface 接口名称{
    零个到多个常量的定义...
    零个到多个抽象方法的定义...
    零个到多个默认方法、静态方法或私有方法的定义...
}
```

对上述语法格式需要注意以下几点：

- 修饰符可以是 public 或者缺省状态的，接口名称与类名的命名规则基本相同，一个接口可以继承多个父接口。
- 接口中定义的数据成员均是常量，名称全部采用大写字母（用下划线分隔单个标识符里的多个单词）表示，所以在定义的同时必须给这些常量赋值，否则会产生编译错误。
- 定义接口时在抽象方法前面如果不加 public 和 abstract，编译系统也会自动加上这两个修饰符，并在数据成员的前面自动加上 public、static 和 final 这 3 个修饰符。因此，在定义一个接口时，抽象方法和数据成员一般不写修饰符。
- 静态方法和默认方法在 JDK8 以上的版本中才允许定义。其中，静态方法必须使用 static 修饰，只能使用接口名调用；默认方法必须使用 default 修饰，无论程序是否指定，静态方法和默认方法总是 public 的。
- 私有方法是 JDK9 新增的，可以是静态方法，也可以是实例方法，主要作为工具方法使用，为接口中的默认方法或静态方法提供支持。
- 接口里不能包含静态代码块和构造方法。
- 与类相似，一个 Java 源文件里最多只能有一个 public 接口，如果文件中定义了一个 public 接口，则文件名必须与该接口名相同。

下面是一个简单的接口定义实例。

```java
//Printable.java
public interface Printable{
    int MAX_SIZE = 60;              //定义常量并赋值
    void print();                   //定义抽象方法
    default void show1(){
        System.out.println("接口中的默认方法");
    }
    static void show2(){
        System.out.println("接口中的静态方法");
    }
    private static void show3(){
```

```
    System.out.println("接口中的私有静态方法");
  }
}
```

5.4.2　接口的继承

接口可以通过继承来产生子接口，这与类的继承类似。不同的是，接口完全支持多继承，即一个子接口可以继承多个父接口。

接口的继承也使用关键字 extends，其格式如下：

```
[修饰符] interface 子接口名称 extends 父接口1,父接口2,…,父接口n{
  …
}
```

子接口将继承父接口中定义的常量以及所有抽象方法，并可以继承和重写接口中的默认方法。

```
//TestInetrface.java
interface X{
    int VAR_X=6;
    void methodX();
}
interface Y{
    int VAR_Y=7;
    void methodY();
}
interface Z extends X,Y{
    int VAR_Z=8;
    void methodZ();
}
public class TestInterface{
    public static void main(String[] args) {
        System.out.println(Z.VAR_X);
        System.out.println(Z.VAR_Y);
        System.out.println(Z.VAR_Z);
    }
}
```

5.4.3　接口的实现

一个类只能继承一个父类，这是不够灵活的，可以通过实现多个接口来做补充。

一个类可以实现一个或多个接口，实现接口的类要在 implements 关键字后指出所实现接口的名称。

（1）语法格式一。

```
class 类名 implements 接口名1, 接口名2,… {
  …
}
```

（2）语法格式二。

```
class 类名 extends 父类 implements 接口名1, 接口名2,…{
  …
}
```

其中继承父类的 extends 需要写在实现接口的 implements 之前，如果继承了抽象类，需要实现抽象类中的抽象方法，还需要实现接口中的所有抽象方法。

接口的继承与实现

例如定义了如下一个接口：

```
public interface Flyable {
    void fly();
}
```

因为接口中只定义了人们关心的功能，并不考虑这些功能是如何实现的以及哪些类要实现这些功能，所以实现了 Flyable 这个接口的类具有飞行的能力。鸟能飞，所以鸟类可以实现这个接口；飞机能飞，所以飞机也可以实现这个接口；其他可飞行的东西都可以实现这个接口。

Java 系统类库中标准接口的命名大都以 able 结尾（表示具有完成某功能的能力），比如 Comparable、Cloneable、Runable 等。

实现了接口的类，一般要重写接口中的所有抽象方法。下面是一个示例程序。

继承类和实现接口

```
//Example5_2.java
interface Flyable {
    void fly();
}
interface Swimable{
    void swim();
}
class Swan implements Flyable,Swimable{
    public void fly(){
        System.out.println("swan can fly.");
    }
    public void swim(){
        System.out.println("swan can swim.");
    }
}
class Fish implements Swimable {
    public void swim(){
        System.out.println("Fish can swim.");
    }
}
public class Example5_2{
    public static void main(String[] args){
        Swan s = new Swan();
        s.swim();
        s.fly();
        Fish f = new Fish();
        f.swim();
    }
}
```

天鹅(Swan)既会飞又会游，所以实现了 Flyable 和 Swimable 两个接口。一般的鱼(Fish)只会游，所以只实现了 Swimable 接口。

在 Swan 类与 Fish 类中，对所实现接口中定义的抽象方法进行了具体的定义，并且方法一定要用 public 修饰，否则会出现编译错误。这是因为 Java 语言中规定，在类中实现接口中定义的方法时不能比接口中定义的方法有更低的访问权限。

一个类只能有一个直接父类，但可以根据需要实现多个接口。

例如定义了一个动物类：

```
class Animal {
    ...
}
```

而天鹅（Swan）类既可以继承 Animal 类，又可以实现 Flyable 和 Swimable 两个接口，所以可以定义为：

```
class Swan extends Animal implements Flyable,Swimable{
    ...
}
```

其中，实现接口的声明必须写在继承声明之后，而在类中必须实现接口所定义的抽象方法。如果一个类中没有实现接口中声明的所有方法，则这个类只能定义为一个抽象类。

如果在程序中确实要实现多重继承的机制，则可以借助接口来实现，因为一个类可以实现多个接口。

由于接口中定义的数据成员都是静态的和公共的常量，而静态数据成员属于类成员，因此在实现了接口的类中可以直接以"接口名 . 常量名"的方式引用接口中定义的数据成员。

5.4.4　抽象类与接口

抽象类和接口的有些特性是相似的，如下：

- 抽象类和接口中都可以包含抽象方法。实现抽象类和接口的非抽象类必须实现这些抽象方法。
- 抽象类和接口都不能用来实例化对象。可以声明抽象类和接口的变量，对抽象类来说，要用抽象类的非抽象子类来实例化该变量；对接口来说，要用实现了该接口的非抽象子类来实例化该变量。
- 一个子类如果没有实现抽象类中声明的所有抽象方法，那么该子类也是一个抽象类；一个类如果没有实现接口中声明的所有方法，那么该类也是一个抽象类。
- 抽象类和接口都可以实现程序的多态性。

尽管抽象类和接口有些相似的特性，但它们在本质上有着很大的区别如下：

- 抽象类体现的是一种模板式设计，与它的子类之间存在"父与子"的关系，例如抽象类 Shape 与子类 Circle 之间就存在"圆是一种形状"的关系。而接口体现的是一种规范，与它的实现者之间不必有"父与子"的关系。
- 接口中的数据成员只能是静态常量，不能定义普通成员变量。而抽象类中既可以定义静态常量，也可以定义普通成员变量。
- 接口中只能包含抽象方法、静态方法、默认方法和私有方法，不能为普通方法提供方法的实现。抽象类中可以包含普通方法。
- 接口中不包含构造器。抽象类中可以包含构造器。
- 一个类最多只能继承一个直接父类（父类可以是抽象类），但可以实现多个接口。

5.5　内部类

内部类就是在一个类的内部定义的类，包含内部类的类被称为外部类。

内部类的作用如下：

- 内部类提供了更好的封装性。它可以被隐藏在外部类之内，使其只在外部类中有效。
- 内部类被当成外部类的成员，所以内部类可以直接访问外部类的私有成员。
- 匿名内部类用来创建那些仅需要一次使用的类。

内部类与外部类定义的区别如下：

● 内部类需要定义在外部类内部。

● 内部类可以使用 private、protected、static 进行修饰，外部类不可以。

● 非静态内部类不能拥有静态成员。

内部类可以在类中的任意位置定义，甚至在方法中也可以定义（方法里定义的内部类称为局部内部类）。

大部分时候，内部类都被作为成员内部类定义，而不是作为局部内部类。成员内部类是一种与成员变量、方法相似的类成员，局部内部类和匿名内部类则不是类成员。

成员内部类格式如下：

```
class Outer{
    class Inner{ }
}
```

编译后会生成两个类文件：Outer.class 和 Outer$Inner.class。

5.5.1 非静态内部类

成员内部类分为两种：用 static 修饰的成员内部类（静态内部类）、没有用 static 修饰的成员内部类（非静态内部类）。

下面是一个非静态内部类的示例。

```
//TestInner.java
public class TestInner{
    public static void main(String[] args) {
        Outer outer=new Outer();
        outer.innerPrint();
    }
}
class Outer{
    private String name;        //定义一个没有用static修饰的非静态内部类
    class Inner{
      public void print(){
          System.out.println("Inner");
          System.out.println("name");        //直接访问外部类的私有成员变量
      }
    }
    //在外部类中定义一个方法，对外提供访问内部类信息的接口
    public void innerPrint(){
        Inner inner=new Inner();
        inner.print();
    }
}
```

方法内部类

上面程序中黑体部分定义了一个内部类 Inner，外部类 Outer 里面包含了一个 innerPrint 方法，在该方法中创建了一个 inner 对象，并调用了该对象的 print() 方法。可以看到，在外部类中使用非静态内部类时与使用普通类没有太大的区别。

当在非静态内部类的方法内访问某个变量时，系统会优先在该方法内查找是否有同名的局部变量，如果有就使用该局部变量；如果没有，就在该方法所在的内部类中查找是否有同名的成员变量，如果有就使用该成员变量，如果没有，就在该内部类所在的外部类中

查找，查找到就直接访问，没有查找到则会报错。

从上面的程序中可以看到，内部类 Inner 的 print() 方法直接访问了 Outer 类的私有成员变量。需要注意的是：

- 如果外部类成员变量、内部类成员变量和内部类方法里的局部变量同名，则可以通过使用 this、外部类类名 .this 来进行区分。
- 非静态内部类的成员只在该非静态内部类内有效，不能被外部类直接使用。如果外部类需要访问非静态内部类的成员，则必须显式创建非静态内部类对象来访问其成员。
- 外部类的静态成员不能直接使用非静态内部类。
- 不允许在非静态内部类中定义静态成员，即非静态内部类里不能有静态方法、静态成员变量、静态初始化块。

注意事项详解

5.5.2　静态内部类

静态的含义是该内部类可以像其他静态成员一样，没有外部类对象时也能够访问它。

静态内部类可以包含静态成员和非静态成员，静态内部类不能访问外部类的实例成员，仅能够访问外部类的静态成员。

```java
class OutClass{
    private int a=6;
    private static int b=8;
    static class InClass{
        private static int c=10;
        private int d=20;
        static void show() {
            System.out.println("访问内部类的静态变量："+c);
            System.out.println("访问外部类的静态变量："+b);
            //System.out.println("访问外部类的实例变量："+a);    //错误，静态内部类不能访问外部类的
            实例成员
        }
    }
    public void test(){
        System.out.println(InClass.c);          //通过类名访问内部类的静态变量
        System.out.println(new InClass().d);    //通过内部类对象访问其内部的实例变量
        InClass.show();                         //通过类名访问内部类的静态方法
    }
}
public class TestStaticInClass{
    public static void main(String args[]){
        new OutClass().test();
    }
}
```

静态内部类是外部类的一个静态成员，因此外部类的所有方法、初始化块中都可以使用静态内部类定义变量、创建对象等。

5.5.3　匿名内部类

```java
//Example5_3.java
abstract class Fruit{
```

```
      public abstract void eat();
    }
    class Apple extends Fruit{
      public void eat(){
        System.out.println("吃苹果补充维生素。");
      }
    }
    public class Example5_3{
      public static void main(String[] args) {
        Fruit fr = new Apple();
        fr.eat();
      }
    }
```

该例中 Apple 继承了 Fruit 类，实现了 eat 方法，然后创建了 Apple 子类的一个实例，将其向上转型为 Fruit 类的引用。但是，如果此处的 Apple 类只使用一次，那么将其编写为一个独立的类势必麻烦很多，此时就可以引入匿名内部类来简化代码的编写。

匿名内部类就是一个没有显式定义名字的内部类。

匿名内部类适合创建只需要使用一次的类，创建匿名内部类时会立即创建一个该类的实例，这个类定义后立即消失。

格式如下：

```
new 接口()/父类构造器([参数列表]){
  ...
}
```

1. 继承式匿名内部类

```
//Example5_4.java
abstract class Fruit{
  abstract void eat();
}
public class Example5_4{
  public void test(){
    Fruit fr=new Fruit(){
      void eat(){
        System.out.println("吃苹果补充维生素。");
      }
    };
    fr.eat();
  }
  public static void main(String[] args){
    Example5_4 e=new Example5_4();
    e.test();
  }
}
```

2. 接口式匿名内部类

```
//Example5_5.java
interface Flyable{
  public void fly();
}
public class Example5_5{
  public void test(){
```

```
        Flyable fy=new Flyable(){
          public void fly(){
            System.out.println("飞机能飞，实现了Flyable接口。");
          }
        };
        fy.fly();
      }
      public static void main(String[] args){
        Example5_5 e=new Example5_5();
        e.test();
      }
    }
```

3. 参数式匿名内部类

```
//Example5_6.java
interface Flyable{
  public void fly();
}
public class Example5_6{
  public void test(Flyable f){
    f.fly();
  }
  public static void main(String[] args){
    Example5_6 e=new Example5_6();
    e.test(new Flyable(){
      public void fly(){
        System.out.println("天鹅会飞");
      }
    });
  }
}
```

使用匿名内部类时需要注意以下几点：

- 匿名内部类不能有构造方法，只能有一个实例。
- 匿名内部类不能定义任何静态成员。
- 匿名内部类不能用 public、protected、private、static 修饰。
- 匿名内部类不能重复使用，且一定是在 new 后面，隐式地继承一个类或者实现一个接口。

5.5.4　Lambda 表达式

匿名内部类允许随用随建，但用起来依然十分烦琐。JDK8 后的版本引入 Lambda 表达式，能更简洁地传递代码，主要作用就是代替匿名内部类的烦琐语法。

- 该词来自学术界开发出来的一套用来描述计算的 λ 演算法。
- 它就是一种没有声明名称的匿名方法，但有参数列表、主体、返回类型，还可能有可以抛出异常的列表。
- 它可以作为参数传递给方法或存储在变量中。
- Java 语言选择这样的语法，是因为 C# 和 Scala 等语言中的类似功能非常受欢迎。

Lambda 语法有以下两种格式：

```
(parameters)->(expression)
```

或者

```
(parameters)->{statements;}
```

- parameters：根据情况可以无参数或有多个参数。
- ->：将参数列表与主体分隔开。
- expression/statements：Lambda 主体，表达式或语句构成的代码块。

那么什么时候使用 Lambda 表达式呢？它在函数式接口上使用。

函数式接口是指只能定义一个抽象方法的接口，它可以包含多个默认方法、静态方法等，但是却只能包含一个抽象方法。

例如：

```
public interface Runable{
    void run();
}
```

此处 Runable 就是一个函数式接口，因为它只定义了一个抽象方法。

使用 Lambda 表达式改写 Example5_6.java 程序中的参数式匿名类，如下：

```
//Example5_6.java
interface Flyable{
    public void fly();
}
public class Example5_6{
    public void test(Flyable f){
        f.fly();
    }
    public static void main(String[] args){
        Example5_6 e=new Example5_6();
        e.test(()->{System.out.println("大雁会飞");});
    }
}
```

Lambda 表达式与匿名内部类的区别如下：

- 匿名内部类可以为抽象类甚至普通类创建实例，可以为任意接口创建实例（不管该接口中包含多少个抽象方法），只要匿名内部类实现所有的抽象方法即可，而 Lambda 表达式只能为函数式接口创建实例。
- 匿名内部类实现的抽象方法的方法体允许调用接口中定义的默认方法，但 Lambda 表达式的代码块不允许调用接口中定义的默认方法。

本章小结

继承和多态是面向对象程序设计的两大特性。本章主要介绍了继承的特点、使用 final 修饰方法和类、super 关键字、组合技术的用法等；讲解了抽象类和接口的使用方法，并深入比较了二者的联系和区别；介绍了内部类的概念和用法，并详细介绍了内部类的作用，以帮助读者理解和掌握相关知识点。

练习 5

一、判断题

( ) 1. 多态性是面向对象程序设计语言的一个重要特性。
( ) 2. 不能声明一个抽象类的引用。
( ) 3. 抽象类不能用来实例化对象。
( ) 4. 抽象类只能用于继承。
( ) 5. 一个抽象类中的所有方法都是抽象的。
( ) 6. 内部类可以使用 static 修饰。
( ) 7. 内部类可以直接访问外部类的私有成员变量。
( ) 8. 函数式接口可以包含多个默认方法、静态方法和抽象方法。
( ) 9. 接口没有构造方法。
( ) 10. 一个子接口可以继承多个父接口。

二、选择题

1. 声明属性时，不可以使用的关键字是（ ）。
    A．public   B．static   C．final   D．abstract
2. 若在某类中有如下的方法头部定义：final void dispName()，则该方法属于（ ）。
    A．本地方法   B．静态方法
    C．抽象方法   D．最终方法
3. 下列叙述中错误的是（ ）。
    A．抽象类中的抽象方法不能是 private 的
    B．abstract 不能与 final 并列修饰同一个类
    C．静态方法中能直接处理非 static 类型的属性
    D．抽象方法必须存在于抽象类或接口中
4. 以下对接口的定义，其中正确的是（ ）。
    A．interface B{   B．abstract interface B{
            void print(){   void print();
            };   }
        }
    C．interface B{   D．abstract interface B extends A1,A2{
            void print();   abstract void print(){
        }   }
                                            };
5. 以下叙述中正确的是（ ）。
    A．Java 类中允许多重继承
    B．Java 中一个类只能实现一个接口

    C. Java 中类之间只能单重继承，接口可以实现多继承

    D. Java 中一个类可以继承多个抽象类

三、编程题

1. 学生有姓名（sName）和成绩（sGrade）信息，成绩有课程（course）和分数（score）信息。学生类的 showResult 方法用于输出学生姓名、课程和成绩信息。试编写学生类（Student）和成绩类（Grade）并测试。

2. 设计和实现一个接口，该接口能够播放声音，还能调节音量的大小。接口的功能将由收音机（Radio）和手机（Mobilephone）两种设备来实现，最后设计一个应用程序类来使用这些实现接口的声音设备。设计要求为当程序运行时先询问用户想使用哪个设备，然后程序按照该设备的工作方式来输出声音。

项目拓展

项目名称：登录程序的接口设计与类实现。

具体需求：当用户名为 admin、密码为 123456 时，将在控制台输出"登录成功"；当用户名或密码有一个不正确时，将在控制台输出"用户名或密码错误"；当用户名或密码有一个输入为空时，将在控制台输出"用户名或密码不能为空"。

参考程序：

```java
import java.util.*;
class User{
  private String userName;
  private String passWord;
  public String getUserName() {
    return userName;
  }
  public void setUserName(String userName) {
    this.userName = userName;
  }
  public String getPassWord() {
    return passWord;
  }
  public void setPassWord(String passWord) {
    this.passWord = passWord;
  }
}
interface Loginable{
  void loginNull();
  void loginFail();
  void loginSuccess();
}
class UserVerify implements Loginable{
  public void loginNull(){
    System.out.println("用户名或密码不能为空");
  }
  public void loginFail(){
```

```
        System.out.println("用户名或密码错误");
    }
    public void loginSuccess(){
        System.out.println("登录成功");
    }
    public int verify(User user){
        String userName=user.getUserName();
        String passWord=user.getPassWord();
        //用户名或密码为空
        if((userName.isEmpty())||(passWord.isEmpty())){
            return 0;
        }
        //用户名为admin，密码为123456时
        if((userName.equals("admin"))&&(passWord.equals("123456"))){
            return 1;
        }
        //用户名或密码输入错误
        return -1;
    }
}
public class Test {
    public static void main(String[] args) {
        String userName,passWord;
        int code;
        User user=new User();
        Scanner sc=new Scanner(System.in);
        System.out.println("请输入用户名：");
        userName=sc.nextLine();
        System.out.println("请输入密码：");
        passWord=sc.nextLine();
        user.setUserName(userName);
        user.setPassWord(passWord);
        UserVerify userV=new UserVerify();
        code=userV.verify(user);
        switch(code){
            case 0:userV.loginNull();break;
            case 1:userV.loginSuccess();break;
            case -1:userV.loginFail();break;
        }
    }
}
```

第 6 章　异常处理

本章导读

　　在程序设计和运行的过程中发生错误是不可避免的，尽管 Java 语言的设计从根本上提供了便于写出整洁、安全代码的方法，并且我们在编程中也努力地减少错误的产生，但程序被迫停止的错误的存在仍然不可避免。为此，在 Java 程序设计中，在系统定义异常处理的基础上，又辅以用户自定义异常，使得程序中出现的异常问题以统一的方式进行处理，既降低了错误处理代码的复杂度、增加了程序的稳定性和可读性，又规范了程序的设计风格，有利于提高程序质量。

　　本章主要介绍异常处理的概念、处理机制，以及如何创建自定义异常等内容。

本章要点

- 异常的概念。
- 异常类的层次。
- 异常的处理过程。
- 自定义异常。
- 异常的使用原则。

6.1　异常的概念

　　编译阶段不可能发现所有的错误，很多问题需要在程序运行时去解决。Java 语言提供了成熟的异常处理机制，可以使程序中正常的功能代码与异常处理代码有效地分离，保证程序代码结构清晰，并提高程序的可读性和健壮性。

　　异常（Exception）又称为例外，是一个在程序执行期间发生的事件，它中断正在执行程序的正常指令流。在 Java 编程语言中，异常是指程序在运行过程中由于软件设计错误、缺陷等导致的程序错误。在软件开发过程中，很多情况都将导致异常的产生，例如对负数开平方根、对字符串做算术运算、操作数超出表示范围、数组下标越界等。

　　例 6-1　除数为零的例子。

```
//Example6_1. java
public class Example6_1{
    public static void main(String args[]){
        int a=0;
        System.out.println(5/a);
    }
}
```

输出结果如下：

```
Exception in thread "main" java.lang.ArithmeticException: / by zero
        at chapter6.Example6_1.main(Example6_1.java:5)
```

因为除数不能为 0，所以在程序运行时出现了除以 0 溢出的异常事件。

例 6-2　类型转换错误。

```
//Example6_2. java
public class Example6_2{
    public static void main(String args[]){
        String str="jack";
        System.out.println(str+"年龄是：");
        String s="20L";
        int age=Integer.parseInt(s);
        System.out.println(age);
    }
}
```

程序编译运行后，输出如下：

```
jack年龄是：
Exception in thread "main" java.lang.NumberFormatException: For input string: "20L"
    at java.lang.NumberFormatException.forInputString(Unknown Source)
    at java.lang.Integer.parseInt(Unknown Source)
    at java.lang.Integer.parseInt(Unknown Source)
    at chapter6.Example6_2.main(Example6_2.java:7)
```

从上面的运行结果可以看出，本例报出的是 NumberFormatException（数字格式异常）。提示信息"jack 年龄是："已经输出，可知该条代码之前没有异常，而变量 age 没有输出，可知程序在执行类型转换代码时已经终止。

上述简单的例子说明，如果不使用异常处理，那么就需要使用判断语句进行特定检查，如果一个程序中有很多这样的处理代码，会使程序的逻辑杂乱无章，降低程序的可读性的同时，还有可能引入新的错误。通过 Java 的异常处理机制可以解决上述类似问题，并保证了程序的安全性。

6.2　异常类的层次

程序开发过程中异常的产生是非常普遍的，Java 是采用面向对象的方法来处理异常的，一个异常事件是由一个异常对象来代表的。这个对象的产生取决于产生异常的类型，可能是由应用程序本身产生，也可能是由 Java 虚拟机（JVM）产生。

所有的异常类都是内置类 Throwable 的子类，在 Java 类库的每个包中都定义了自己的异常类，所有的这些类都直接或间接地继承于类 Throwable。

从图 6-1 中可以看出 Throwable 类在异常类层次结构的顶层，它有两个子类：Error 和 Exception。Error 类定义了在通常环境下不希望被程序捕获的异常，如死循环或内存溢出。运行时程序本身无法解决，只能依靠其他程序干预，否则程序会一直处于不正常状态。Error 类型的异常用于显示与 Java 运行时系统本身有关的错误，堆栈溢出就是这种错误的一个典型例子，Error 类型的异常通常是灾难性的致命错误，不是程序可以控制的。另一个分支是 Exception，该类异常用于用户程序可能捕获的异常情况，可以通过扩展 Exception 或者 Exception 的子类来创建自定义异常类。在 Exception 的分支之中还有一个重要的子类：RuntimeException，该类型的异常为 Java 虚拟机在运行时自动生成的异常，即运行时异常，如被零除和非法数组索引、操作数超过数据范围、打开文件不存在等。

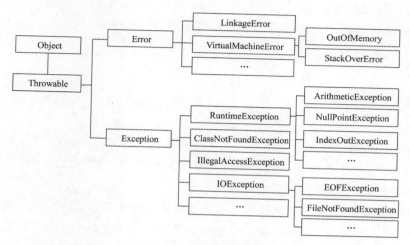

图 6-1　异常类的层次

接下来介绍常见的异常类，如表 6-1 所示。

表 6-1　常见的异常类

异常类	说明
ClassCastException	类型转换异常
ArrayIndexOutBoundsException	数组超界异常
NegativeArraySizeException	指定数组维数为负值异常
ArithmeticException	算术异常
InternalException	Java 系统内部异常
IncompatibleTypeException	类型不符合异常
OutOfMemeoryException	内存溢出异常
NullPointerException	空指针异常
NoClassDefFoundException	没有找到类定义异常
IllegalAccessException	类定义不明确所产生的异常
I0Exception	在一般情况下不能完成 I/O 操作所产生的异常
EOFException	打开文件没有数据可以读取所产生的异常
FileNotFoundException	在文件系统中找不到文件名称或路径时所产生的异常
ClassNotFoundException	找不到类或接口所产生的异常
CloneNotSupportedException	使用对象的 clone 方法但无法执行 Cloneable 所产生的异常

java.lang.Throwable 类是所有 Error 类和 Exception 类的父类，常用的方法有 getMessage()、getLocalizedMessage()、printStackTrace()、toString()，下面分别介绍这些方法。

（1）public String getMessage()。返回该 Throwable 对象的详细信息，如果该对象没有详细信息则返回 null。

（2）public String getLocalizedMessage ()。返回该 Throwable 的本地化描述，子类可能会覆盖该方法以便产生一个特定于本地的消息，对于未覆盖该方法的子类，默认返回调用

getMessage() 的结果。

（3）public void printStackTrace()。将该 Throwable 和它的跟踪情况打印到标准错误流。

（4）public String toString()。返回该 Throwable 对象的类型与性质。

由于异常的种类繁多，需要读者在实际应用中查阅 Sun 公司提供的各种 API 包逐渐掌握。

6.3 Java 异常处理过程

在 Java 程序的执行过程中，如果出现了异常事件，就会生成一个异常对象。这个对象可能由正在运行的方法生成，也可能由 Java 虚拟机生成，其中包含一些信息指明异常事件的类型以及当异常发生时程序的运行状态等。

RuntimeException 类及其子类称为非检查型异常，Java 编译器会自动按该异常产生的原因引发相应类型的异常，除 RuntimeException 类及其子类之外的所有其他类称为检查型异常，程序必须声明抛出异常或者捕获异常，否则程序是无法通过编译的。

1. 捕获异常

当异常情况发生时，一个代表该异常的对象被创建，并且它将会沿着方法的调用栈逐层回溯，寻找处理这一异常的代码，找到能够处理这种异常类型的方法后，运行时系统会把当前异常对象交给该方法进行处理，这一过程称为捕获（catch）异常，这是一种积极的异常处理机制。如果 Java 运行时系统找不到可以捕获异常的方法，则运行时系统将终止，相应地 Java 程序也将退出。Java 语言的异常捕获结构由 try、catch、finally 三部分组成，语法如下：

```
try {
    //程序代码块
}
catch(Exceptiontype1 e) {
    //对Exceptiontype1的处理
}
catch(Exceptiontype2 e) {
    //对Exceptiontype2的处理
}
...
finally {
    //程序代码块
}
```

通过异常处理的语法可知，try 语句块存放的是可能发生异常的语句，catch 语句块在 try 语句块之后。当异常抛出时，异常处理机制负责搜寻参数与异常类型相匹配的第一个处理程序，然后进入 catch 语句块执行，此时认为异常得到了处理。catch 语句可以有多个，用来匹配多个异常，捕获异常的顺序与 catch 语句的顺序有关，当捕获到一个异常时，剩下的 catch 语句就不再进行匹配，因此在安排 catch 语句的顺序时，首先应该捕获最特殊的异常，然后逐渐一般化，也就是说，一般先安排子类再安排父类。

catch 的类型是 Java 语言定义的或者程序员自己定义的，表示抛出异常的类型。异常的变量名表示抛出异常的对象的引用，如果 catch 捕获并匹配了该异常，那么就可以直接用这个异常变量名来指向所匹配的异常，并且在 catch 语句块中直接引用。部分系统生成的异常在 Java 运行时自动抛出，也可以通过 throws 关键字声明该方法要抛出的异常，然后在方法内抛出异常对象。

有些代码片段，可能希望无论 try 语句块中的异常是否抛出，代码都能得到执行，这时可以通过在异常处理程序的后面加上 finally 语句来完成。finally 语句为异常处理提供一个统一的出口，使得在控制流转到程序的其他部分以前，能够对程序的状态作统一的管理。一般是用来关闭已打开的文件和释放其他系统资源。

虽然 finally 作为 try-catch-finally 结构的一部分，但在程序中是可选的，也就是说可以没有 finally 语句，如果存在 finally 语句，不论 try 语句块中是否发生了异常，是否执行过 catch 语句，都要执行 finally 语句。finally 的语句块通常在执行 return 之前执行。另外，try-catch-finally 可以嵌套。

例 6-3　捕获异常。

```java
//Example6_3. java
public class Example6_3{
    public static void main(String args[]){
        try{
            int i=Integer.parseInt(args[0]);
            int a=10/i;
            System.out.println("a="+a);
        } catch(ArrayIndexOutOfBoundsException e){
            System.out.println(e);
        }finally {
            System.out.println("finally block.");
        }
    }
}
```

程序输出结果：

```
java.lang.ArrayIndexOutOfBoundsException: Index 0 out of bounds for length 0
finally block.
```

输出信息表明程序中捕获到了一个 ArrayIndexOutOfBoundsException 类的运行时异常，是由于 main 的参数 args[] 字符串数组没有接收到任何输入造成的。

右击该程序包，在弹出的快捷菜单中选中 Run As → Run Configurations，打开 Run Configurations 界面，然后选择第 2 个选项卡 (x)=Arguments，如果在 Program arguments 文本框里输入参数 2，再单击 Apply 按钮，最后单击 Run 按钮，屏幕上的显示内容如下：

```
a=5
finally block.
```

上述实例中，如果在输入参数时输入 0 或者输入非数字字符串格式将会如何呢？读者可以思考。

例 6-4　匹配多个异常的 catch 子句

```java
//Example6_4. java
public class Example6_4{
    public static void main(String[] args){
        try{
            int i=Integer.parseInt(args[0]);
            int a=10/i;
```

```
        System.out.println(a);
      }catch(ArrayIndexOutOfBoundsException e) {
        System.out.println("没有输入数字串");
      } catch(ArithmeticException e){
        System.out.println("分母不能为0");
      } catch(NumberFormatException e){
        System.out.println("输入格式不正确");
      } catch(Exception e){
        System.out.println("异常："+e);
      }
    }
  }
```

考虑到该程序运行时可能产生的异常有：当没有任何输入时，会捕获 ArrayIndexOutOfBounds Exception 异常；当输入值是 0 时，产生 ArithmeticException 异常；当输入格式不是整数时，会捕获 NumberFormatException 异常。

通常，为捕获到所有可能出现的异常，可以在处理异常程序的末尾，加上 Exception 类，这样既可以使所有的异常都能够捕获到，也可以防止想捕获具体异常时被它提前先把异常捕获。

例 6-5　多重捕获。

JDK7 之后的多重捕获机制中，一个 catch 语句块可以使用 "|" 将不同类型的异常组合起来，提高了书写的简洁度。

```
//Example6_5. java
public class Example6_5{
  public static void main(String[] args){
    try{ int i=Integer.parseInt(args[0]);
      int a=10/i;
      System.out.println(a);
    }
    catch(NumberFormatException|ArrayIndexOutOfBoundsException e){
      System.out.println("没有数据输入或输入格式不正确！");
    }
    catch(ArithmeticException e){
      System.out.println("除数为0");
    }
    catch(Exception e){
      System.out.println("运行异常："+e);
    }
    finally {
      System.out.println("finally block.");
    }
  }
}
```

运行程序，输出结果为：

```
没有数据输入或输入格式不正确！
finally block.
```

从例 6-3 和例 6-5 的输出中可以看出，无论异常是否被抛出，finally 子句总能被执行，即使包含 return 语句。

例 6-6　有 return 时的 finally。

```java
//Example6_6. java
public class Example6_6{
    public static void show(int i) {
        try {
            if(i==1){
                System.out.println("one");
                return;
            }
            if(i==2) {
                System.out.println("two");
            }
            return;
        }catch(Exception e) {
            System.out.println(e);
        }finally {
            System.out.println("finally block.");
        }
    }
    public static void main(String[] args) {
        for(int i=1;i<3;i++)
            show(i);
    }
}
```

输出结果为：

```
one
finally block.
two
finally block.
```

从程序运行结果中可以看出，无论在什么位置添加 return，finally 子句都会被执行。

2. 抛出异常

Java 处理异常的另一种机制是抛出异常。当 Java 程序的当前部分或当前方法自身不去处理异常时则可将其抛出，由程序的其他部分或其他方法来捕获并加以处理。Java 提供了 throw 和 throws 两个关键字在方法中声明来抛出异常，throw 实现异常的显式抛出，throws 用在方法的定义中。

为了在方法中声明一个异常，就要在方法头中使用 throws 关键字来指定方法可能抛出的异常，多个异常可以使用逗号隔开，如下：

```java
public void myMethed() throws Exception1,Exception2,...,ExceptionN{
    //方法体
}
```

例 6-7 抛出异常。

```java
//Example6_7. java
public class Example6_7{
    static void pop() throws NegativeArraySizeException{
        //定义方法并抛出NegativeArraySizeException异常
        int [] arr=new int[-5];
    }
    public static void main(String args[]){
        try{
            pop();
        }
```

```
    catch(NegativeArraySizeException e){
        System.out.println("pop()方法抛出的异常");
      }
    }
  }
```

程序运行后，输出如下：

pop()方法抛出的异常

使用 throws 关键字将异常抛给上一级后，如果不想处理该异常，可以继续向上抛出，但最终要有能够处理该异常的代码。这样处理的优点是可以在某处集中精力处理要解决的事情，而后在另一处再处理这段代码中产生的错误。最后，需要再次强调的是，对于检查型异常，如 IOException，程序中必须要作出处理，或者捕获，或者声明抛出；而对于 RuntimeException 非检查型异常，如前例中的 ArithmeticException、NegativeArraySizeException，则可以不作处理。

throw 关键字通常用于方法体中，并且显式地抛出一个异常对象。

格式如下：

throw new 异常类的名称([描述信息]);

throw 语句抛出的是异常类对象，因此需要用 new 关键字创建这一异常实例，而且只能抛出一个异常实例。被抛出的异常，描述信息为可选参数，一般是字符串数据，用来描述所抛出异常的用途或性质。程序在执行到throw语句时立即终止，它后面的语句不再执行。

throw 还可以抛出系统定义的异常，通常情况下，是用来抛出用户自定义异常，在下一节中会讲到。

Java 中的 main()
方法详解

6.4 自定义异常

使用 Java 内置的异常类可以描述在编程时遇到的大部分异常情况，但在具体开发一个软件时还可能会遇到系统无法充分描述清楚用户想要表达的问题，例如成绩管理程序中学生的成绩只能在 0 ～ 100 分之间（假如使用百分制计成绩），如果超过这个范围，则成绩数据肯定有误。对于这种情况，程序员可以根据实际需要自己设计异常类。

用户定义的异常类型必须是 Throwable 的直接或间接子类，Java 推荐用户的异常类型以 Exception 为直接父类。在程序中使用自定义异常类，大体可以分为以下几个步骤：

（1）创建自定义异常类。

（2）在方法中通过 throw 关键字抛出异常对象。

（3）如果在当前抛出的异常方法中处理异常，可以使用 try-catch 语句块捕获并处理，否则在方法的声明处通过 throws 关键字指明要抛出给方法调用者的异常，继续进行下一步操作。

（4）在出现异常方法的调用者中捕获并处理异常。

创建用户异常的方法如下：

```
class UserException extends Exception
    UserException(){
        super();
        ...  //其他语句
    }
}
```

throw 关键字通常用在方法体中，并且抛出一个异常对象。下面通过实例来介绍 throw 的用法。

例 6-8 创建自定义异常类 AgeException，继承自类 Exception。使用 throw 关键字抛出异常。

在项目中创建名为 Example6_8 的类，该类中的 input() 方法用于接收从键盘输入的姓名和年龄，如果输入的年龄为负数，则会抛出 AgeException 异常并积极捕获处理；如果输入正确，则将姓名和年龄输出到显示器上。

```java
//Example6_8.java
import java.util.Scanner;
public class Example6_8{
    public static void main(String[] args){
        input();
    }
    public static void input(){
        Scanner sc = new Scanner(System.in);
        System.out.println("请输入姓名：");
        String sname=sc.next(); //接收键盘上姓名的输入
        int age;
        System.out.println("请输入年龄，结束输入时按非数字键！");
        while(sc.hasNextInt()){
            try{
                age = sc.nextInt();
                //输入年龄若为负数，抛出AgeException异常
                if(age<0)
                throw new AgeException("年龄不能为负数");
                System.out.println("姓名："+sname);
                System.out.println("年龄："+age);
                break;
            }catch(AgeException e){
                //捕获年龄异常，进行处理
                System.out.println(e.getMessage()+"，请重新输入：");
            }
        }
    }
}
//自定义异常类AgeException
class AgeException extends Exception{
    public AgeException(){}
    public AgeException(String message){
        super(message);
    }
}
```

程序接收数据，运行后输出的结果如下：

```
请输入姓名：
Jack
请输入年龄，结束输入时按非数字键！
-9
年龄不能为负数，请重新输入：
9
姓名：Jack
年龄：9
```

Java 内置的异常类不能描述输入年龄的异常，因此上面的实例自定义了异常

类 AgeException，一旦出现年龄输入为负数的情况，就会通过 throw 来抛出一个 AgeException 类的对象并积极捕获处理以达到相应的输出结果。Scanner 类中的 hasNextInt 方法可以判断下一个输入是否为整数，如果是整数该方法返回 true，否则该方法返回 false。该程序利用这个特点并结合 if 判断语句来控制年龄的输入是否为负数。

上述程序将 try 语句块放在了 while 循环中，使用户能够尝试一定的输入次数后达到必要的条件，以便程序能够继续执行，增加了程序的健壮性。

throw 和 throws
的使用

6.5 Try-With-Resources

Java 库中有很多资源需要手动关闭，例如打开的文件、连接的数据库等。在 Java 7 之前，通常是使用 try-finally 的方式关闭资源，try 后面总是跟着一个 "{"。通过下面的例子进行详细说明。

例 6-9 try-finally 方式关闭资源。

```java
//Example6_9.java
import java.io.*;
public class Example6_9{
    public static void main(String[] args) {
        copy("E:/javacode/MyFirst.java","F:/First.java");   //复制文件
    }
    public static void copy(String src, String dst) {
        InputStream in = null;
        OutputStream out = null;
        try {
            in = new FileInputStream(src);
            out = new FileOutputStream(dst);
            byte[] buff = new byte[1024];     //创建一个长度为1024个字节的字节数组
            int n;
            //从输入流一次最多读入buff.length个字节的数据到数组buff中，直到文件末尾结束
            while ((n = in.read(buff)) >= 0) {
            //将数组buff中的数据从0位置开始，长度为n的字节输出到输出流中
            out.write(buff, 0, n);
            }
        }
        catch (IOException e) {
          e.printStackTrace();
        }
        finally {
          if (in != null) {
             try {
               in.close();
             }
             catch (IOException e) {
                e.printStackTrace();
             }
          }
          if (out != null) {
             try {
               out.close();
             }
             catch (IOException e) {
```

```
                    e.printStackTrace();
                }
            }
        }
    }
}
```

从上例可以看出，这种实现非常杂乱冗长。

Java 7 之后，推出了 try-with-resources 声明来替代之前的方式，try 后跟括号 "("，括号内的部分称为资源规范头。资源规范头中可以包含多个定义，通过分号进行分隔。规范头中定义的对象必须实现 java.lang.AutoCloseable 接口，这个接口中有一个 close() 方法，因此无论是否正常退出 try 语句块，这些对象都会在 try 语句块运行结束之后调用 close 方法，从而替代了以前版本在 finally 中关闭资源的功能，且不需要编写冗长的代码。另外，try-with-resources 中的 try 语句块可以不包含 catch 或 finally 语句块而独立存在。

例 6-10　使用 try-with-resources 改写例 6-9。

```
//Example6_10.java
import java.io.*;
public class Example6_10{
    public static void main(String[] args) {
        copy("E:/javacode/MyFirst.java","F:/First.java");
    }
    public static void copy(String src, String dst) {
        try (InputStream in = new FileInputStream(src);
            OutputStream out = new FileOutputStream(dst)){
            byte[] buff = new byte[1024];
            int n;
            while ((n = in.read(buff)) >= 0) {
                out.write(buff, 0, n);
            }
        } catch (IOException e) {
            e.printStackTrace();
        }
    }
}
```

6.6　异常的使用原则

Java 异常强制用户去考虑程序的健壮性和安全性。异常处理不用来控制程序的正常流程，其主要作用是捕获程序在运行时发生的异常并进行相应的处理。编写代码处理某个方法可能出现的异常时可遵循以下几条原则：

（1）在当前方法声明中使用 try-catch 语句捕获异常。

（2）一个方法被覆盖时，覆盖它的方法必须抛出相同的异常或异常的子类。

（3）如果父类抛出多个异常，则覆盖方法必须抛出多个异常的一个子集，不能抛出新异常。

（4）不要过度使用异常。不要把异常和普通错误混淆在一起，不再编写错误处理的代码，简单地抛出异常来代替所有错误；不要使用异常来代替流程控制。

（5）不要使用过于庞大的 try 语句块。一旦 try 过于庞大，势必后面的 catch 语句块也会增多，会增加编程的复杂度；可以把大块的 try 语句块分成多个可能出现异常的程序段落，把它们分别放在单独的 try 语句块中，分别捕获并处理异常。

（6）避免使用 catch all 语句（一个 catch 处理所有异常）。

```
try{...}
catch(Throwable t){t.printStackTrace();}
```

这样将导致对异常不能分情况进行处理，有可能忽略一些关键性的异常。

（7）不要忽略掉捕获到的异常。对于已经捕获到的异常，catch 语句块应该处理并修复这个异常。

（8）尽可能地使用 try-with-resources 结构。

本章小结

　　本章介绍的是 Java 中的异常处理机制，通过本章的学习读者应该了解异常的概念、几种常见的异常类、掌握异常处理技术，以及如何创建、激活用户自定义的异常处理。Java 中的异常处理是通过 try-catch 语句来实现的，也可以使用 throws 语句向上抛出。try-with-resources 是一项重要的改进，要尽可能地使用它。对于异常处理的使用原则，读者也应该理解。

练习 6

一、填空题

　　1．Java 中所有的错误都继承自 _____ 类；在该类的子类中，_____ 类表示严重的底层错误，对于这类错误的一般处理方式为 _____；_____ 类表示例外、异常。

　　2．与异常相关的 5 个关键字是 _____、_____、_____、_____、_____。

　　3．一个 try 程序段中有 5 个 catch 语句，则这些 catch 语句最多会执行 _____ 次。

二、思考题

　　1．什么是异常？简述 Java 的异常处理机制。

　　2．系统定义的异常与用户自定义的异常有什么不同？如何使用这两类异常？

三、程序题

　　1．把下面的代码补充完整。

```
public class TestThrow {
  public static void main(String args[]) {
    throwException(10);
  }
  public static void throwException(int n) {
    if (n == 0) {
      _____       //抛出一个NullPointerException
    } else {
      _____       //抛出一个ClassCastException
      _____       //并设定详细信息为"类型转换出错"
    }
  }
}
```

　　2．计算 n! 并捕获可能出现的异常。

第 7 章　输入与输出

本章导读

　　输入与输出是大部分程序语言中都需要的，例如从键盘读取数据、向屏幕输出数据、从文件中读数据或者向文件中写数据、在一个网络连接上进行读写操作等。因为有了输入与输出，我们才能将数据存入文件并永久保存，等需要时再取出。另外通过输入与输出才可以达到数据传递的目的。

　　Java 语言采用面向对象的文件读 / 写方式来操作文件，即将所要读 / 写的文件数据转化为相应流类的对象，然后通过流对象来进行操作。实现输入 / 输出操作的类和接口都在 java.io 包中。

　　本章主要介绍 Java 程序中文件与目录的管理、数据流的概念、输入 / 输出的处理方法、对象的序列化等内容。

本章要点

- ♀　流的概念。
- ♀　字节流与字符流。
- ♀　Java 的标准输入 / 输出。
- ♀　文件的操作。
- ♀　文件输入 / 输出流。
- ♀　缓冲流。
- ♀　数据流。
- ♀　对象的串行化。

7.1　什么是流

　　生活中，我们每天都要用自来水，自来水公司用管道将自来水厂与每一用户连接起来，用户只要打开水龙头，自来水便源源不断地流出。用户开通自来水，只需办理相关接入手续，技术人员上门安装管道即可，对水厂位置、管道材料及距离等不必了解。计算机处理大量的数据时我们也可以把这些流动的数据想象成源源不断的自来水，采用类似方式——"流"来处理。

　　Java 中的"流"（Stream）是一组有序的数据序列，它们从数据源不断流向目的地。"流"的引进屏蔽了输入输出设备的操作细节，不论是在磁盘中读写文件，还是通过网络传送数据，其操作步骤都大体相同：先创建、打开流，再进行读写操作，最后关闭流。数据流是一组有顺序的、有起点和终点的字节集合，是对输入和输出的总称和抽象。掌握"流"内容就能按照相同方式便捷地进行输入输出操作。

7.2 输入输出流的划分

流式输入输出是一种很常见的输入和输出方式，输入流表示从外部设备流入计算机内存的数据序列，输出流表示从计算机内存向外部设备流出的数据序列。流中的数据可以是底层的二进制流数据，也可以是按某种特定格式处理过的数据。输入输出都沿着数据序列顺序进行，不能选择指定的输入输出位置。数据流中的数据因数据类型不同可以分为两类：一类是字节流，顶级父类是 Inputstream 类和 OutputStream 类，此流一次读写 8 位二进制数据；另一类是字符流，顶级父类是 Reader 类和 Writer 类，此流一次读写 16 位二进制数据。由于 Java 使用的是 Unicode 编码，所有字符占用 2 个字节，所以每 16 位都能唯一标识一个字符，这个字符可以是数字、字母、汉字和特殊字符。实际上，在最底层所有的输入输出都是字节形式的，基于字符的流只为处理字符提供方便有效的方法。

7.2.1 字节流类

InputStream 和 OutputStream 这两个抽象类处于字节流的顶层，它们派生出多个具体的子类，作用是标识不同情况下产生的输入和输出操作。例如磁盘文件、网络连接，甚至是内存缓冲区等。

抽象类 InputStream 和 OutputStream 定义了实现其他流类的关键方法，最重要的两种方法是 read() 和 write()，它们分别用于读写字节，这两种方法都在 InputStream 和 OutputStream 中被定义为抽象方法，它们被派生的流类重写。

InputStream 类的子类定义了各种数据源产生的输入流，包括字节数据、字符串对象、文件、"管道"和一些由其他流组成的序列等，其具体层次结构如图 7-1 所示。

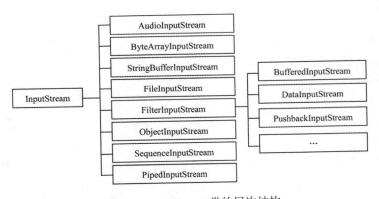

图 7-1　InputStream 类的层次结构

InputStream 类是一个定义了 Java 字节流输入模式的抽象类，它继承了 Object 类，实现了 Closeable 接口，该接口定义了一个 close() 方法，通过调用该方法可以释放流所占用的资源。InputStream 类的所有方法在出错条件下都将引发一个 IOException 异常。InputStream 类提供的 read 方法以字节为单位顺序地读取源中的数据，只要不关闭流，每次调用 read 方法就顺序地读取源中的其余内容，直到源的末尾或输入流被关闭。

InputStream 类的常用方法如下：

- int read()：输入流调用该方法从源中读取单个字节的数据，该方法返回字节值（0 ～ 255 之间的一个整数），如果未读出字节则返回 -1。
- int read(byte b[])：输入流调用该方法从源中读取 b.length 个字节到 b 中，返回实际读取的字节数目，如果到达文件的末尾则返回 -1。
- int read(byte b[],int off, int len)：输入流调用该方法从源中读取 len 个字节到 b 中，并返回实际读取的字节数目。如果到达文件的末尾，则返回 -1，参数 off 指定从字节数组的某个位置开始存放读取的数据。
- void close():输入流调用该方法关闭输入流。关闭之后的读取会产生 IOException 异常。
- long skip(long numBytes)：输入流调用该方法跳过 numBytes 个字节，返回实际跳过的字节数目。

OutputStream 定义了数据输出的目的地，其具体层次结构如图 7-2 所示。

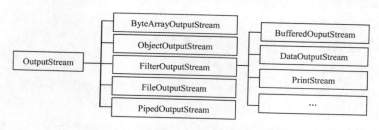

图 7-2　OutputStream 类的层次结构

OutputStream 流以字节为单位顺序地写文件，只要不关闭流，每次调用 write 方法就顺序地向目的地写入内容，直到流被关闭。

OutputStream 类的常用方法如下：

- void write(int n)：输出流调用该方法向输出流写入单个字节。
- void write(byte b[])：输出流调用该方法向输出流写入一个字节数组。
- void write(byte b[],int off,int len)：从给定字节数组中起始于偏移量 off 处取 len 个字节写入输出流，遇到文件末尾时返回 -1。
- void close()：关闭输出流。

7.2.2　字符流类

Java 中的字符是 Unicode 编码，是双字节的。InputStream 是用来处理字节的，并不适合处理字符文本。Java 为字符文本的输入输出专门提供了一套单独的类：Reader 和 Writer。抽象类 Reader 和 Writer 定义了几个实现其他流类的关键方法，其中两个最重要的是 read() 和 write()，它们分别进行字符数据的读和写，这些方法被派生流类重写。

Reader 类并不是 InputStream 类的替换者，只是在处理字符串时简化了编程。Reader 类是字符输入流的抽象类，所有字符输入流的实现都是它的子类。Reader 类的具体层次结构如图 7-3 所示。

Reader 类提供的 read 方法以字符为单位顺序地读取源中的数据，只要不关闭流，每次调用 read 方法就顺序地读取源中的其余内容，直到源的末尾或输入流被关闭。

Reader 类的常用方法如下：

- int read()：输入流调用该方法从源中读取一个字符，该方法返回一个整数（0 ～

65535 之间的一个整数，Unicode 字符值），如果未读出字符则返回 -1。

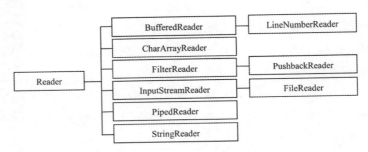

图 7-3　Reader 类的层次结构

- int read(char b[])：输入流调用该方法从源中读取 b. length 个字符到字符数组 b 中，返回实际读取的字符数目。如果到达文件的末尾则返回 -1。
- int read(char b[],int off, int len)：输入流调用该方法从源中读取 len 个字节到字符数组 b 中，并返回实际读取的字节数目。如果到达文件的末尾，则返回 -1，参数 off 指定从字符数组的某个位置开始存放读取的数据。
- void close()：输入流调用该方法关闭输入流。
- long skip(long numBytes)：输入流调用该方法跳过 numBytes 个字符，并返回实际跳过的字符数目。

Writer 类是字符输出流的抽象类，所有字符输出类的实现都是它的子类。Writer 类的层次结构如图 7-4 所示。

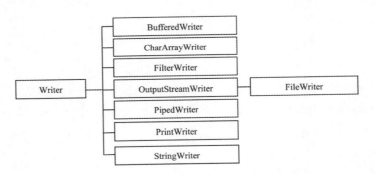

图 7-4　Reader 类的层次结构

Writer 类的常用方法如下：

- void write(int n)：向输入流写入一个字符。
- void write(byte b[])：向输入流写入一个字符数组。
- void write(byte b[],int off,int length)：从给定字符数组中起始于偏移量 off 处取 len 个字符写到输出流。
- void close()：关闭输出流。

不论是字节流抽象类还是字符流抽象类，它们都提供了很多方法来对流进行处理，在需要的时候可以查看 JDK 文档。

7.2.3　关闭流

流都提供了关闭方法 close()，尽管程序结束时会自动关闭所有打开的流，但是当程序使用完流后，显式地关闭任何打开的流仍是一个良好的习惯。如果没有关闭那些被打开的流，那么就可能不允许另一个程序操作这些流所用的资源。另外，需要注意的是，在操作系统把程序所写到输出流上的那些字节保存到磁盘上之前，有时是被存放在内存缓冲区中的，通过调用 close() 方法可以保证操作系统把流缓冲区的内容写到它的目的地，即关闭输出流可以把该流所用的缓冲区的内容冲洗掉（通常冲洗到磁盘文件上）。

7.3 Java 的标准输入 / 输出

Java 程序使用字符界面与系统标准输入输出界面进行数据通信，即从键盘读入数据或向屏幕输出数据，这是十分常见的操作。为此而频繁创建输入输出流类对象很不方便，因此 Java 系统事先定义了 3 个流对象，分别与系统的标准输入（stdin）、标准输出（stdout）和标准错误（stderr）相联系。

标准输入文件是键盘，标准输出文件是终端屏幕，标准错误输出文件也指向屏幕，如果有必要，它也可以指向另一个文件以便和正常输出区分。

System 类管理标准输入流、标准输出流和标准错误流，System 类在 java.lang 包中，System 类的所有属性和方法都是静态的，调用时需要以类名 System 为前缀。

- System.out：把输出送到默认的显示设备上（通常是显示器）。
- System.in：从标准输入设备获取输入（通常是键盘）。
- System.err：把错误信息送到默认的显示设备上。

每当 main() 方法被执行时，就自动生成上述 3 个对象。

1. 标准输入

Java 的标准输入 System.in 是 InputStream 类的对象，当程序需要从键盘读入数据的时候，只需调用 System.in 的 read() 方法即可。

如下面的语句将从键盘读入一个字节的数据：

```
Char ch=System.in.read();
```

在使用 System.in.read() 方法读入数据时需要注意以下几点：

（1）System.in.read() 语句必须包含在 try 语句块中，且 try 语句块后面应该有个可接收 IOException 异常的 catch 语句块。

（2）执行 System .in. read() 方法将从键盘缓冲区读入一个字节的数据，然而返回的却是 16 位的整型量，其低位字节是真正输入的数据，高位字节全部为 0。作为 InputStream 类的对象，System.in 只能从键盘读取二进制的数据，而不能把这些信息转换为整型、字符、浮点数、字符串等复杂数据类型。

（3）当键盘缓冲区中没有未被读取的数据时，执行 System.in read() 将导致系统转入阻塞状态。在阻塞状态下，当前流程将停留在上述语句的位置，整个程序被挂起，等用户从键盘输入一个数据后才能继续运行下去，所以程序中有时利用 System.in.read 语句来达到暂时保留屏幕的目的。

2. 标准输出

Java 的标准输出 System.out 是 PrintStream 类的对象。PrintStream 是过滤输出流类 FilterOutputStream 的一个子类，其中定义了向屏幕输出不同类型数据的方法 print() 和

println()。

println() 的作用是向屏幕输出其参数指定的变量或对象，然后换行，使光标停留在屏幕下一行第一个字符的位置。print() 方法与 println() 方法不同的是输出对象后不换行，下一次输出时将输出在同一行。

例 7-1　从键盘输入字符。

本例用 System.in.read (buffer) 从键盘输入一行字符，存储在缓冲区 buffer 中，count 保存实际读入的字节个数，再以整数和字符两种方式输出 buffer 中的值。read() 方法在 java.io 包中，而且要抛出 IOException 异常。

程序如下：

```java
//Example7_1.java
import java.io.*;
public class Example7_1{
    public static void main(String[] args) throws IOException{
        System. out.println("Input:");
        byte buffer[ ]= new byte[512];              //输入缓冲区
        int count = System.in.read(buffer);         //读取标准输入流
        System.out.println("Output:");
        for (int i=0;i< count;i++) {                //输出buffer元素值
            System.out.print(" "+buffer[i]);
        }
        System.out.println();
        for (int i=0;i< count;i++)                  //按字符方式输出buffer
        {
            System.out.print((char) buffer[i]);
        }
        System. out.print("count= "+ count);        //buffer的实际长度
    }
}
```

程序编译运行后，输出结果如下：

```
Input:
hello
Output:
104 101 108 108 111 13 10
hello
count= 7
```

7.4　文件的操作

文件是指封装在一起的一组数据，大多数操作系统把和输入输出有关的操作统一到文件的概念中，程序与外部的数据交换都通过文件概念来实现。

7.4.1　File 类

在 java.io 包中除了 4 个基本输入 / 输出流类外，还有一个重要的非流类：File 类，File 类是 java.io 包中唯一代表磁盘文件本身的对象。对于目录，Java 把它当作一种特殊类型的文件，即文件名单列表。File 类定义了一些与平台无关的方法来操作文件，可以通过调用 File 类中的方法得到文件、或者目录的描述信息，包括名称、所在路径、读写性、长度等，还可以创建目录、创建文件改变文件名、删除文件、列出目录中的文件等。File 类所关心的是文件在磁盘上的存储，File 类的对象主要用来获取文件本身的一些信息，如文件所在的目录、文件的长度、文件的读写权限等。数据流可以将数据写入到文件中，文件也是数据流最常用的数据媒体。

File 类的声明如下：

```
public class File extends Object implements Serializable,Comparable
```

1. 构造方法

用 File 类创建一个文件对象，通常使用以下 4 种构造方法：

（1）File(String pathname);。该构造方法通过将给定路径名字符串 pathname 转换为抽象路径名来创建一个新的 File 实例。例如：

```
File f1 = new File("D:/Java");
```

（2）File(String pathname, String filename);。该构造方法根据定义的父路径 pathname 和子路径字符串 filename（包含文件名）创建一个新的 File 实例。例如：

```
File f2 = new File("D:/Java","test.txt");
```

（3）File(File dir, String filename);。该构造方法根据 dir 抽象路径名和 filename 路径名字符串创建一个新的 File 实例。例如：

```
File f3 = new File(f1,"test.txt");
```

（4）File(URI uri)。该构造方法通过将给定的 file:URI 转换为抽象路径名来创建新的 File 实例。例如：

```
File f4=new File (file:/D:/Java/test.txt");
```

其中，pathname 是文件所在的目录，filename 是文件名，dir 是文件所在的目录。

上面的例子创建了 4 个 File 对象：f1、f2、f3 和 f4。第一个 File 对象是由仅有一个路径参数的构造函数生成的；第二个 File 对象有两个参数，分别是目录和文件名；第三个 File 对象的参数包括指向 f1 文件的目录和文件名，f3 和 f2 指向相同的文件；第四个 File 对象用 uri 一个参数构造一个文件。

注意：Java 能正确处理 UNIX 和 Windows/DOS 约定的路径分隔符。如果在 Windows 版本的 Java 下用斜线（/），路径处理依然正确；如果在 Windows 系统中使用反斜线（\），则需要在字符串内使用它的转义序列（\\）。Java 约定用 UNIX 和 URL 风格的斜线来作路径分隔符。

File 定义了很多获取 File 对象标准属性的方法。例如，getName() 返回文件名，getParent() 返回父目录名，exists() 在文件存在的情况下返回 true，否则返回 false。

2. File 类提供的方法

创建一个文件对象后，可以用 File 类提供的很多方法来获取文件的相关信息，对文件进行操作。

（1）对文件名进行操作的方法。

- String getName()：获取一个文件的名称（不包括路径）。
- String getPath()：获取一个文件的路径名。
- String getAbsolutePath()：获取一个文件的绝对路径名。
- String getParent()：获取一个文件的上一级目录名。
- String renameTo (File newName)：将当前文件更名为给定文件的完整路径，返回值为 true（成功）或 false（失败）。

（2）测试文件属性的方法。

● boolean exists()：测试当前 File 对象所指定的文件是否存在。

● boolean canWrite()：测试当前文件是否可写。

● boolean canRead()：测试当前文件是否可读。

● boolean isFile ()：测试当前文件是否是文件（不是目录）。

● boolean isDirectory ()：测试当前文件是否是目录。

（3）获取普通文件信息的工具。

● long lastModifed()：获取文件最近一次修改的时间。

● long length()：获取文件的长度，以字节为单位。

● boolean delete()：删除当前文件。

● boolean createNewFile()：创建一个新的空白文件。

（4）对目录进行操作的方法。

● boolean mkdir()：根据当前对象生成一个由该对象指定的路径。

● String list()：列出当前目录下的文件。

File 类是用来管理目录和文件的，并没有指定信息怎样从文件中读取或向文件输出，而需要由 FileInputStream 和 FileOutputStream 这些类来实现，在下一节将介绍这些类的使用。

例 7-2　在项目中创建类 Example7_2。在主方法中判断 D 盘的 chap07 文件夹中是否存在 abc.txt 文件，如果该文件存在则将其删除，不存在则创建该文件。

程序如下：

```java
//Example7_2.java
import java. io.File;
import java. io.IOException;
public class Example7_2 {
  public static void main(String[] args){
    File file = new File("d:\\chapter7","abc.txt");    //创建文件对象
    if (file.exists()) {                               //如果该文件存在
      file.delete();                                   //将文件删除
        System.out. println ("文件已删除");           //输出的提示信息
    }else {                                            //如果文件不存在
      try {                                            //语句块捕捉可能出现的异常
        file. createNewFile();                         //创建该文件
        System.out. println("文件已创建");            //输出的提示信息
      } catch (Exception e){
        e.printStackTrace();    }
    }
  }
}
```

程序编译运行后，输出结果如下：

文件已创建

此处运行的前提一定是 d:\chapter7 路径存在，否则创建 file 对象会失败。第二次运行之后的输出结果如下：

文件已删除

例 7-3　获取当前文件夹下 word.txt 文件的文件名、文件长度并判断该文件是否为隐藏文件。

```java
//Example7_3.java
import java.io.File;
public class Example7_3 {
    public static void main(String[] args) {
        File file = new File("word.txt");
        if (file.exists()) {
            String name = file.getName();        //获取文件名称
            long length = file.length();         //获取文件长度
            boolean hidden = file.isHidden();     //判断文件是否为隐藏文件
            boolean read = file.canRead();        //判断文件是否可读
            System.out.println("文件名称：" + name); //输出信息
            System.out.println("文件长度是：" + length);
            System.out.println("该文件是隐藏文件吗？" + hidden);
            System.out.println("该文件是可读的吗：" + read);
        } else {
            System.out.println("该文件不存在");
        }
    }
}
```

程序编译运行后，输出结果如下：

该文件不存在

注意：当前目录为新建工程的目录，即文件夹 chapter7，包含 src 文件夹、bin 文件夹等。默认情况下当前是不存在此文件的，读者可自行在文件夹下新建 word.txt，再次运行查看运行结果。

7.4.2　目录

目录是一个包含其他文件和路径列表的 File 类。当创建一个 File 对象并且它是目录时，isDirectory() 方法则返回 true。在这种情况下，可以调用该对象的 list() 方法来提取该目录内部其他文件和目录的列表。

1. 创建目录

public boolean mkdir() 方法可以创建一个目录，如果创建成功返回 true，否则返回 false（若该目录已经存在则返回 false）。此方法不能在不存在的目录下创建新的目录。

public boolean mkdirs() 方法可以创建包括所有必需但不存在的父目录。如果父目录不存在并且最后一级子目录不存在，它就自动新建所有路径里写的目录；如果父目录存在，它就直接在已经存在的父目录下新建子目录。

2. 列出目录中的文件

如果 File 对象是一个目录，那么该对象可以调用下述方法列出该目录下的文件和子目录。
- public String[] list()：用字符串形式返回目录下的全部文件。
- public File [] listFiles()：用 File 对象形式返回目录下的全部文件。

有时需要列出目录下指定类型的文件，例如 java、txt 等扩展名的文件。这时，可以使用 File 类的下述两个方法列出指定类型的文件。
- public String[] list(FilenameFilter obj)：用字符串形式返回目录下指定类型的所有文件。
- public File [] listFiles(FilenameFilter obj)：用 File 对象形式返回目录下指定类型的所有文件。

创建目录的示例

上述两个方法的参数 FilenameFilter 是一个接口，该接口有一个方法：

```
public boolean accept(File dir, String name);
```

使用 list 方法时，需要向其传递一个实现 FilenameFilter 接口的对象，list 方法执行时，参数 obj 不断回调接口方法 accept(File dir, String name)，该方法中的参数 dir 为调用 list 的当前目录、参数 name 被实例化目录中的一个文件名，当接口方法返回 true 时 list 方法就将名字为 name 的文件保存到返回的数组中。

例 7-4　列出指定目录下全部 Java 文件的名字。

```
//Example7_4.java
import java.io. * ;
class FileAccept implements FilenameFilter {        //定义扩展名过滤器
    private String extendName;
    public void setExtendName(String s) {
        extendName= "."+ s;
    }
    public boolean accept(File dir, String name) {    //重写接口中的方法
        return name. endsWith( extendName) ;
    }
}
public class Example7_4 {
    public static void main(String args[]) {         //此处是根据自己的实际目录创建的File对象
        File dir= new File("C:/Users/HP/workspace/chapter7/src/chapter7");
        FileAccept fileAccept = new FileAccept();
        fileAccept.setExtendName( "java");
        String fileName[] = dir. list(fileAccept);
        for(String name:fileName) {
            System. out. println( name);
        }
    }
}
```

程序编译运行后，输出结果如下：

```
Example7_1.java
Example7_2.java
Example7_3.java
Example7_4.java
```

注意：列出的是本台计算机指定目录下全部 Java 文件的名字，读者可根据实际情况自行更改。

7.5　文件输入 / 输出流

程序运行期间，大部分数据都在内存中进行操作，当程序结束或关闭时，这些数据将消失。如果需要将数据永久保存，可使用文件输入 / 输出流与指定的文件建立链接，从而将需要的数据永久保存到文件中。

7.5.1　文件字节流

InputStream 和 OutputStream 都是抽象类，不能实例化，因此在实际应用中使用的都是它们的子类，这些子类在实现其超类方法的同时又定义了各自特有的功能以便用于不同

的场合中。

文件数据流类 FileInputStream 和 FileOutputStream 用于进行文件的输入输出处理，其数据源都是文件。

1．FileInputStream

FileInputStream 用于顺序访问本地文件，它从超类继承 read()、close() 等方法，对文件进行操作，不支持 mark() 方法和 reset() 方法。它的两个常用构造函数如下：

- FileInputStream(String name)：通过指定文件名构造文件输入流。
- FileInputStream(File file)：通过文件构造文件输入流。

它们都能引发 FileNotFoundException 异常。这里 name 是文件的全称路径，file 是描述该文件的 File 对象。第一个构造方法比较简单，但第二个构造方法允许在把文件连接到输入流之前对文件作进一步分析。

可以用下面的代码构造文件输入流：

```
FileInputStream f1 = new FileInputStream("Test.java");
File f=new File("Test.java");
FileInputStream f2 = new FileInputStream(f);
```

FileInputStream 重写了抽象类 InputStream 读取数据的方法：

```
public int read() throws IOException
public int read(byte[]b)throws IOException
public int read(byte[]b,int off,int len) throws IOException
```

这些方法在读取数据时，输入流结束则返回 -1。

2．FileOutputStream

FileOutputStream 用于向一个文本文件写数据，它从超类中继承 write()、close() 等方法，它的常用构造函数如下：

- FileOutputStream(String name)：通过指定文件名构造文件输出流。
- FileOutputStream(File file)：通过文件构造文件输出流。
- FileOutputStream(String name, boolean append)：通过指定文件名构造文件输出流。如果 append 为 true，则为追加方式写入。
- FileOutputStream(File file,boolean append)：当 append 为 true 时构造一个追加方式的文件输出流。

它们可以引发 IOException 或 SecurityException 异常。这里 name 是文件的全称路径，file 是描述该文件的 File 对象。如果 append 为 true，则文件以追加方式打开，不覆盖已有文件的内容；如果为 false，则覆盖原文的内容。

FileOutputStream 的创建不依赖于文件是否存在。如果 file 表示的文件不存在，则 FileOutputStream 在打开之前创建它；如果文件已经存在，则打开它，准备写。若试图打开一个只读文件，会引发一个 IOException 异常。

FileOutputStream 重写了抽象类 OutputStream 写数据的方法：

```
public void write(byte[]b) throws IOException
public void write(byte[]b, int off, int len)throws IOException
public void write( int b) throws IOException
```

其中，b 是 int 类型时占用 4 个字节，只有最低的一个字节被写入输出流，而忽略其他字节。

下面的文件复制程序使用 FileOutputStream 创建一个输出流，实现源文件到目标文件的内容复制。

例 7-5　使用 FileOutputStream 类向文件 word.txt 写入信息，然后通过 FileInputStream 类将文件中的数据读取到控制台上。

```java
//Example7_5.java
import java.io.File;
import java.io.FileInputStream;
import java.io.FileOutputStream;
public class Example7_5 {
    public static void main(String[] args){
        File file = new File("word.txt");              //创建文件对象
        try{                                           //捕捉异常
            FileOutputStream out = new FileOutputStream(file);    //创建FileOutputStream对象
            byte duck[]="门前大桥下，游过一群鸭，快来快来数一数，二四六七八。".getBytes();
            out.write(duck);                           //将数组中的信息写入到文件中
            out.close();                               //关闭流
        } catch (Exception e){                         //catch语句处理异常信息
            e.printStackTrace();                       //输出异常信息
        }
        try{
            FileInputStream in = new FileInputStream(file);    //创建FileInputStream类对象
            byte byt[]= new byte[1024];                //创建 byte数组
            int len = in.read(byt);                    //从文件中读取信息
            System.out.println("文件中的信息是：" + new String(byt,0, len)); //将文件中的信息输出
            in.close();                                //关闭流
        }catch (Exception e) {
            e.printStackTrace();
        }
    }
}
```

程序编译运行后，输出结果如下：

文件中的信息是：门前大桥下，游过一群鸭，快来快来数一数，二四六七八。

在工程的根目录下会生成一个 word.txt 文本文档，文档内容已经显示到控制台中。

7.5.2　文件字符流

使用 FileOutputStream 类向文件中写入数据与使用 FileInputStream 类从文件中将内容读出来都存在一点不足，即这两个类都只提供了对字节或字节数组的读取方法。由于汉字在文件中占用两个字节，如果使用字节流，读取不好可能会出现乱码现象，此时采用字符流 Reader 或 Writer 类即可避免这种现象。

FileReader 和 FileWriter 字符流分别对应 FileInputStream 和 FileOutputStream 类，FileReader 流顺序地读取文件，只要不关闭流，每次调用 read() 方法就顺序地读取源中其余的内容，直到源的末尾或流被关闭。

FileReader 类是以字符方式读取文件内容的 Reader 类的子类，它最常用的构造函数如下：

```java
FileReader(String filePath);
FileReader(File fileObj);
```

每一个都能引发一个 FileNotFoundException 异常，这里的 filePath 是一个文件的完整路径，fileObj 是描述该文件的 File 对象。如果该文件不存在，则引发 FileNotFoundException 异常。

FileWriter 类是以字符方式写文件内容的 Writer 类的子类，它最常用的构造函数如下：

```
FileWriter(String filePath)
FileWriter(String filePath, boolean append)
FileWriter(File fileObj)
```

它们可以引发 IOException 或 SecurityException 异常，filePath 是文件的完整路径，fileObj 是描述该文件的 File 对象，如果 append 为 true，则输出内容附加到文件尾部。

FileWiter 类的创建不依赖于文件存在与否，如果文件不存在，则创建文件，然后打开文件将其作为输出。如果试图打开一个只读文件，将引发一个 IOException 异常。

例 7-6　实现文件的复制，使用字符方式读取文件和写入文件。

```java
//Example7_6.java
import java.io.*;
public class Example7_6{
    public static void main(String[] args) throws IOException
    {
        File inputFile =new File("text1.txt");
        File outputFile=new File("text2.txt");
        FileReader in=new FileReader(inputFile);
        FileWriter out=new FileWriter(outputFile);
        int c;
        while ((c=in.read()) !=-1){
            out.write(c);
        }
        in.close();
        out.close();
    }
}
```

程序编译运行后，本次没有具体输出，但是在工程的根目录下会生成一个 text2.txt 文本文档，文档内容和源文件 text1.txt 一致。

注意：text1.txt 在程序运行之前必须存在并且有内容，否则编译时会报如下错误：

```
Exception in thread "main" java.io.FileNotFoundException: text1.txt (系统找不到指定的文件。)
    at java.io.FileInputStream.open0(Native Method)
    at java.io.FileInputStream.open(Unknown Source)
    at java.io.FileInputStream.<init>(Unknown Source)
    at java.io.FileReader.<init>(Unknown Source)
    at chapter7.Example7_6.main(Example7_6.java:10)
```

例 7-5 和例 7-6 实现了相似的功能，不同的是例 7-5 使用的是字节操作方式，而例 7-6 使用的是字符操作方式。字节是一个 8 位二进制数，而一个字符是具有特定字符编码的数据。例如读取 "Java 语言"，使用字节操作方式需要读取 8 次，而使用字符操作方式只需要读取 6 次，因为一个中文字符占两个字节。

7.6　缓冲流

过滤流在读 / 写数据的同时可以对数据进行处理，它提供了同步机制，使得在某一时刻只有一个线程可以访问一个 I/O 流，以防止多个线程同时对一个 I/O 流进行操作所带来的意想不到的结果。

这些过滤流是 FilterInputStream 和 FilterOutputStream，它们的构造函数如下：

```
FilteroutputStream(OutputStream os)
FilterInputStream( InputStream is)
```

为了使用一个过滤流，必须首先把过滤流连接到某个输入输出流上，通过在构造方法的参数中指定所要连接的输入输出流来实现。

过滤流扩展了输入输出流的功能，典型的扩展是缓冲、字符字节转换和数据转换。为了提高数据的传输效率，为每一个流配备缓冲区 (Buffer)，称为缓冲流。

当向缓冲流写入数据时，系统将数据发送到缓冲区而不是直接发送到外部设备，缓冲区自动记录数据。当缓冲区满时，系统将数据全部发送到外部设备。

当从一个缓冲流中读取数据时，系统实际是从缓冲区中读取数据的。当缓冲区空时，系统会自动从相关设备读取数据，并读取尽可能多的数据充满缓冲区。

因为有缓冲区可用，所以缓冲流支持跳过（skip）、标记（mark）和重新设置流（reset）等方法。常用的缓冲输入流有 BufferedInputStream、DataInputStream、PushbackInputStream，常用的缓冲输出流有 BufferedOutputStream、DataOutputStream 和 PrintStream。

7.6.1　BufferedInputStream 类与 BufferedOutputStream 类

BufferedInputStream 类可以对所有 InputStream 类进行带缓冲区的包装以达到性能的优化。BufferedInputStream 类有两个构造方法：

```
BufferedInputStream (InputStream in);
BufferedInputStream (InputStream in,int size);
```

第一种形式的构造方法创建了一个带有 32 个字节的缓冲区；第二种形式的构造方法按指定的大小来创建缓冲区。一个最优的缓冲区大小取决于它所在的操作系统、可用的内存空间以及机器配置。从构造方法可以看出，BufferedInputStream 对象位于 InputStream 类对象之前。图 7-5 描述了按字节数据读取文件的过程。

图 7-5　BufferedInputStream 读取文件的过程

使用 BufferedInputStream 输出信息使用 OutputStream 输出信息完全一样，只不过 BufferedInputStream 调用 flush() 方法来将缓冲区的数据强制输出完。

BufferedOutputStream 类也有两个构造方法：

```
BufferedOutputStream(OutputStream in);
BufferedOutputStream(OutputStream in,int size);
```

第一种构造方法创建一个有 32 个字节的缓冲区，第二种构造方法以指定的大小来创建缓冲区。

注意：flush() 方法用于即使在缓冲区没有满的情况下，也将缓冲区的内容强制写入到外设，习惯上称这个过程为刷新。flush() 方法只对使用缓冲区的 OutputStream 类的子类有效。当调用 close() 方法时，系统在关闭流之前也会将缓冲区中的信息更新到磁盘文件中。

例 7-7 复制文件。

```java
//Example7_7.java
import java.io.*;
public class Example7_7{
    public static void main (String[] args) throws IOException{
        String sFile;
        String oFile;
        long sTime;
        long eTime;
        if(args.length<2){
            System.out.println("use sourcefile and object file");
            return;
        }else{
            sFile=args[0];
            oFile=args[1];
        }
        sTime=System.currentTimeMillis();     //定义开始时间
        try{
            File inputFile = new File(sFile);              //定义读取源文件
            File outputFile = new File(oFile);             //定义复制目标文件
            FileInputStream in=new FileInputStream(inputFile);      //定义输入文件流
            FileOutputStream out=new FileOutputStream(outputFile); //定义输出文件流
            int c;
            //循环读取文件和写入文件
            while((c=in.read())!=-1)  //如果到了文件尾部，read()方法返回的数字是-1
                out.write(c);                //使用write()方法向文件写入信息
            in.close();                    //关闭文件输入流
            out.close();                   //关闭文件输出流
        }catch(IOException e) {
            System.out. println(e);
        }
        eTime=System.currentTimeMillis();    //定义结束时间
        System.out.println("无缓冲用时："+(eTime -sTime)+"ms");   //复制完成时需要的时间
        //下面测试使用缓冲时需要的时间
        sTime= System.currentTimeMillis();
        try{
            File inputFile = new File(sFile);              //定义读取源文件
            File outputFile = new File("b"+oFile);         //定义复制目标文件
            FileInputStream in=new FileInputStream(inputFile);
            BufferedInputStream bin=new BufferedInputStream (in);       //将文件输入流构造到缓冲
            FileOutputStream out=new FileOutputStream(outputFile);
            BufferedOutputStream bout=new BufferedOutputStream(out);    //将输出文件流构造到缓冲
            int c;
            while((c=bin.read())!=-1){
                bout.write(c);
            }
            bin.close();
            bout.close();
        } catch(IOException e) {
            System.out.println(e);
```

```
    }
    eTime=System.currentTimeMillis();
    //使用缓冲复制完成时需要的时间
    System.out. println("有缓冲用时："+(eTime-sTime)+"ms");
    }
}
```

右击源代码，在弹出的快捷菜单中选择 Run As → Run Configurations，弹出 Run Configurations 界面，然后选择第 2 个选项卡 (x)=Arguments，在 Program arguments 文本框中输入两个参数 sFile（即源文件名，例如 A.doc）和 oFile（即目的文件名，例如 B.doc），中间用空格隔开，单击 Apply 按钮，最后单击 Run 按钮，屏幕上的显示结果如下：

```
无缓冲用时：1535ms
有缓冲用时：17ms
```

该程序是一个复制文件的程序。程序的第一部分和例 7-5 类似，第二部分则添加了一个缓冲。

从执行结果看，复制一个 Word 文件没有使用缓冲时完成复制任务需要 1535 ms 的时间，而使用了缓冲后完成复制任务只需要 17 ms 的时间。可以看出使用缓冲可以大大提高 IO 的执行效率。执行结果和文件的大小以及机器的运行速度有关。

7.6.2　BufferedReader 类与 BufferedWriter 类

BufferedReader 类与 BufferedWriter 类分别继承 Reader 类和 Writer 类，这两个类同样具有内部缓存机制，并可以以行为单位进行输入 / 输出。

根据 BufferedReader 类的特点，总结出如图 7-6 所示的字符数据读取文件的过程。

图 7-6　BufferedReader 类读取文件的过程

BufferedReader 类的常用方法如下：
- read() 方法：读取单个字符。
- readLine () 方法：读取一个文本行，并将其返回为字符串。若无数据可读，则返回 null。

BufferedWriter 类中的方法都返回 void，常用的方法如下：
- write (String s,int off,int len) 方法：写入字符串的某一部分。
- Flush() 方法：刷新该流的缓存。
- newLine() 方法：写入一个行分隔符。

在使用 BufferedWriter 类的 Write() 方法时，数据并没有立刻被写入输出流，而是首先进入缓存区中。如果想立刻将缓存区中的数据写入输出流，一定要调用 flush() 方法。

例 7-8　向指定的磁盘文件中写入数据并通过 BufferedReader 类将文件中的信息分行显示。

```
//Example7_8.java
import java.io.*;
public class Example7_8{
    public static void main(String []args) {
        String content[]= { "好久不见", "最近好吗", "常联系" };   //定义字符串数组
```

```
            File file = new File("字符缓冲.txt");              //创建文件对象
            try{
                FileWriter fw = new FileWriter(file);           //创建FileWriter类对象
                BufferedWriter bufw = new BufferedWriter(fw);   //创建BufferedWriter类对象
                for (int k= 0; k< content.length;k++){          //循环遍历数组
                    bufw.write(content[k]);          //将字符串数组中的元素写入到磁盘文件中
                    bufw.newLine();          //将数组中的单个元素以单行的形式写入文件
                }
                bufw.close();              //将BufferedWriter流关闭
                fw.close();                //将FileWriter流关闭
            } catch (Exception e) {        //处理异常
                e.printStackTrace();
            }
            try{
                FileReader fr = new FileReader(file);           //创建FileReader类对象
                BufferedReader bufr = new BufferedReader(fr);   //创建BufferedReader类对象
                String s = null;                    //创建字符串对象
                int i=0;                            //声明int型变量
                while ((s = bufr.readLine()) != null){    //如果文件的文本行数不为null，则进入循环
                    i++;                                  //将变量做自增运算
                    System.out.println("第"+i+"行"+s);    //输出文件数据
                }
                bufr.close();                      //将BufferedWriter流关闭
                fr.close();                        //将FileReader流关闭
            }catch (Exception e){                  //处理异常
                e.printStackTrace();
            }
        }
    }
```

程序编译运行后，输出结果如下：

第1行好久不见
第2行最近好吗
第3行常联系

BufferedReader 类将文件中的信息分行显示，并且在工程的根目录（即 chapter7 文件夹）下生成一个"字符缓冲 .txt"文本文档。

7.7　数据流

DataInputStream 类和 DataOutputStream 类创建的对象分别称为数据输入流和数据输出流，这两个流是很有用的流，它们允许程序按照与机器无关的风格读取 Java 原始数据，也就是说，当读取一个数值时，不必再关心这个数值应当是多少个字节。下面是 DataInputStream 类和 DataOutputStream 类的构造方法。

- DataInputStream(InputStream in)：创建的数据输入流指向一个由参数 in 指定的底层输入流。
- DataOutputStream(OutputStream out)：创建的数据输出流指向一个由参数 out 指定的底层输出流。

表 7-1 所示为是 DataInputStream 类和 DataOutputStream 类的常用方法。

RandomAccessFile
类的使用

表 7-1 DataInputStream 与 DataOutputStream 类的部分方法

方法	描述
close()	关闭流
readBoolean()	读取一个布尔值
readByte()	读取一个字节
readChar()	读取一个字符
readDouble()	读取一个双精度浮点值
readFloat()	读取一个单精度浮点值
readInt()	读取一个整型值
readlong()	读取一个长整型值
readShort()	读取一个短整型值
readUnsignedByte()	读取一个无符号字节
readUnsignedShort()	读取一个无符号短整型值
readUTF()	读取一个 UTF 字符串
skipBytes(int n)	跳过给定数量的字节
writeBoolean(boolean v)	写入一个布尔值
writeBytes(String s)	写入一个字符串
writeChars(String s)	写入字符串
writeDouble(double v)	写入一个双精度浮点值
writeFloat(float v)	写入一个单精度浮点值
writeInt(int v)	写入一个整型值
writeLong(long v)	写入一个长整型值
writeShort(int v)	写入一个短整型值
writeUTF(String s)	写入一个 UTF 字符串

例 7-9 写几个 Java 类型的数据到一个文件中，然后再读出来。

```java
//Example7_9.java
import java.io.*;
public class Example7_9{
    public static void main(String[] args) {
        File file = new File("apple.txt");
        try {
            FileOutputStream fos = new FileOutputStream(file);
            DataOutputStream outData = new DataOutputStream(fos);
            outData.writeInt(100);
            outData.writeLong(123456);
            outData.writeFloat(3.1415926f);
            outData.writeDouble(987654321.1234);
            outData.writeBoolean(true);
            outData.writeUTF("How are you doing");
            outData.close();
        } catch (IOException e) {
            System.out.println(e);
        }
```

```
        try {
            FileInputStream fis = new FileInputStream(file);
            DataInputStream inData = new DataInputStream(fis);
            System.out.println(inData.readInt());          //读取int数据
            System.out.println(inData.readLong());         //读取long数据
            System.out.println(inData.readFloat());        //读取float数据
            System.out.println(inData.readDouble());       //读取double数据
            System.out.println(inData.readBoolean());      //读取boolean数据
            System.out.println(inData.readUTF());
            inData.close();
        } catch (IOException e) {
            System.out.println(e);
        }
    }
}
```

程序编译运行后，输出结果如下：

```
100
123456
3.1415925
9.876543211234E8
true
How are you doing
```

例 7-10 将字符串加密后写入文件，然后读取该文件并解密内容。

```
//Example7_10. java
import java.io. * ;
public class Example7_10 {
    public static void main(String args[]) {
        String comand= "2020新年到，晚上看CCTV1！";
        JiaMiJieMi person=new JiaMiJieMi();
        String password="Tiger" ;
        String secret = person. jiami( comand,password);    //加密
        File file= new File(" secret. txt");
        try{
            FileOutputStream fos=new FileOutputStream(file);
            DataOutputStream outData = new DataOutputStream (fos);
            outData. writeUTF(secret);
            System. out. println( "加密命令： " + secret);
            outData.close();
        }
        catch( IOException e){}
        try{ FileInputStream fis= new FileInputStream(file);
            DataInputStream inData = new DataInputStream(fis);
            String str = inData. readUTF();
            String mingwen=person. jiemi(str,password);    //解密
            System. out. println("解密命令： " + mingwen);
        }
        catch( IOException e){}
    }
}
class JiaMiJieMi {
    String jiami( String sourceString,String password) {    //加密算法
```

```
        char [] p= password. toCharArray();
        int n = p. length;
        char [ ] c = sourceString. toCharArray();
        int m = c.length;
        for(int k= 0;k<m;k++){
        int mima=c[k] + p[k%n];        //加密
        c[k]= (char)mima;
        }
    return new String(c);              //返回密文
    }
    String jiemi(String sourceString,String password) {    //解密算法
        char [] p= password. toCharArray();
        int n = p. length;
        char[]c = sourceString. toCharArray();
        int m = c.length;
        for(int k=0;k<m;k++){
            int mima=c[k] - p[k%n];        //解密
            c[k]= (char )mima;
        }
        return new String(c);          //返回明文
    }
}
```

程序编译运行后，输出结果如下：

加密命令：????咄廈劃?嘻迣晬???è??
解密命令：2020新年到，晚上看CCTV1！

7.8   对象的串行化

7.8.1   串行化的概念

对象的寿命通常随着生成该对象的程序的终止而终止。某些时候，需要将对象的状态保存下来，在将来需要的时候可以恢复。

把对象的这种能记录自己的状态以便将来再生的能力叫做对象的持续性（Persistence），对象通过写出描述自己状态的数值来记录自己的过程叫做对象的串行化（Serialization）。

串行化的主要任务是写出对象实例变量的数值。如果变量是另一对象的引用，则引用的对象也要串行化。这个过程是递归的，可能要涉及一个复杂树型结构的串行化，包括原有对象、对象中的对象等。对象所有权的层次结构叫做图表（Graph）。同样在反串行化中，这些对象及其引用都将被正确恢复。

对象流、序列化详解

7.8.2   串行化的方法

Java 提供了对象串行化的机制，在 java.io 包中定义了一些接口和类作为对象串行化的工具。

1. Serializable 接口

只有实现 Serializable 接口的对象才可以被串行化工具存储和恢复。Serializable 接口没有定义任何成员，它只用来表示一个类可以被串行化。如果一个类可以串行化，那么它

的所有子类都可以串行化。

2. Externalizable 接口

Java 的串行化和反串行化的工具都被设计成自动存储和恢复对象的状态。然而，在某些情况下，程序员必须控制这些过程，例如在需要使用压缩或加密技术时 Externalizable 接口则是为这些情况而设计。

Externalizable 接口定义了以下两个方法：

```
void readExternal(ObjectInput in)throws IOException,ClassNotFoundException
woid writeExternal(ObjectOutput out)throws IOException
```

上述方法中，in 是对象被读取的字节流，out 是对象被写入的字节流。

3. ObjectOutput 接口

ObjectOutput 继承 DataOutput 接口并且支持对象串行化。它的 writeObject() 方法可以输出一个对象，如下：

```
final void writeObject(Object obj)    //向流写入对象obj
```

该方法在出错情况下将引发 IOException 异常。

4. ObjectOutputStream 类

ObjectOutputStream 类继承 OutputStream 类和实现 ObjectOutput 接口，它负责向流写入对象。该类的声明格式如下：

```
public class ObjectOutputStream extends OutputStream implements
ObjectOutput,ObjectStreamConstants
```

ObjectStreamConstants 中定义了一些常量，在串行化时可以把这些常量写入输出流。

ObjectOutputStream 类的构造函数如下：

```
ObjectOutputStream (OutputStream out) throws IOException
```

参数 out 表示串行化的对象将要写入的输出流。

ObjectOutputStream 类中最常用的方法如表 7-2 所示，它们在出错情况下将引发 IOException 异常。

表 7-2　ObjectOutputStream 的常用的方法

方法	描述
void close()	关闭流。关闭后的写操作会产生 IOException 异常
void flush()	刷新输出缓冲区
void write(bytebuffer[])	向流写入一个字节数组
void write(byteb[], intoffset, intlen)	写入数组 b 中从 offset 位置开始的 len 个字节长度区域内的数据
void write(intb)	向流写入单个字节。写入的是 b 的低位字节
void writeBoolean(booleanb)	向流写入一个布尔型值
voidwritebyte(intb)	向流写入字节。写入的是 b 的低位字节
void writeBytes(Sringstr)	把 str 转化成字节输出
void writeChar(intc)	向流写入字符型值
void writeChars(Stringstr)	把 str 转化成字符数组输出
void writeDoubledoubled)	向流写入双精度值
void writeFloatfloat()	向流写入浮点数

方法	描述
void writelnt(inti)	向流写入整型数
void writeLong(longi)	向流写入长整型数
final void writeObijt(Objectobj)	向流写入 obj
void writeShort(inti)	向流写入 short 型

5. ObjectInput

ObjectInput 接口继承 DataInput 接口，它支持对象反串行化，其 readObject 可以反串行化对象，Object readObjet() 的作用是从流读取一个对象。所有这些方法在出错情况下都将引发 IOException 异常。

6. ObjectInputStream

ObjectInputStream 继承 InputStream 类并实现 ObjectInput 接口。ObjectInputStream 负责从流中读取对象。该类的声明格式如下：

```
public class ObjectInputStream extends InputStream implements
ObjectInput,ObjectStreamConstants
```

该类的构造函数如下：

```
ObjectInputStream( InputStream in)throws IOException,StreamCorruptedException
```

参数 in 表示串行化对象将被读取的输入流。

该类中最常用的方法如表 7-3 所示，它们在出错情况下将引发 IOException 异常。

表 7-3　ObjectInputStream 定义的常用方法

方法	描述
int available()	返回输入流可访问的字节数
void close()	关闭流。关闭后的读取操作会产生 IOException 异常
int read()	返回表示下一个输入字节的整数，遇到文件末尾返回 -1
int read(byteb[],int offset,int len)	试图读取 len 个字节到 b 中以 offset 为起点的位置，返回实际成功读取的字节数。遇到文件末尾时返回 -1
boolean readBoolean()	从流读取并返回一个 boolean 型值
byte readByte()	从流读取并返回一个 byte 型值
char readChar()	从流读取并返回一个 char 型值
double readDouble()	从流读取并返回一个 double 型值
float readFloat()	从流读取并返回一个 float 型值
void readFully(bytebuffer[])	读取 buffer.length 个字节到 buffer 中。仅当所有字节被读取后返回
void readFully(byte b[], int offset, int len)	试图读 len 个字节到 b 中以 offset 为起点的位置，当 len 个字节被读取后返回
int readInt	从流读取并返回一个 int 型值
read Long()	从流读取并返回一个 long 型值
final Object readObject()	从流读取并返回一个对象
short readShort()	从流读取并返回一个 short 型值

续表

方法	描述
int readUnsignedByte()	从流读取并返回一个无符号 byte 型值
int radUnsignedShort()	从流读取一个无符号 short 型值

7. 串行化注意事项

（1）串行化只能保存对象的非静态成员变量，不能保存变量的修饰符。

（2）transient 关键字的使用。对于某些类型的变量，其状态是瞬时的，无法或无须保存其状态，对于这些变量，可以用 transient 关键字标明。

对于一些需要保密的变量，为了保证其安全性，不应该串行化，也可以在其前面加上 transient 关键字。

例 7-11　对象串行化。

1）定义一个可串行化对象。被串行化的类必须实现 Serializable 接口。

```java
//Example7_11.java
import java.io.FileInputStream;
import java.io.FileOutputStream;
import java.io.ObjectInputStream;
import java.io.ObjectOutputStream;
import java.io.Serializable;
class Student implements Serializable{
    private static final long serialVersionUID = 1L;
    int id;
    String name;
    int age;
    String department;
    public Student(int id,String name,int age,String department){
        this.id = id;
        this. name = name;
        this.age = age;
        this. department = department;
    }
}
```

2）构造对象输入输出流。要串行化一个对象，必须与对象的输入输出联系起来，通过 write() 方法串行化对象，通过 readObject() 方法反串行化对象。

```java
public class Example7_11{
    public static void main(String args[]) throws Exception{
        Student stu =new Student (20191065,"韩晓鹏",20,"计算机学院");
        FileOutputStream fout = new FileOutputStream("datal.ser");
        ObjectOutputStream oout= new ObjectOutputStream(fout);
        oout. writeObject(stu);    //输出对象
        oout. close();
        stu = null;
        FileInputStream fin = new FileInputStream("datal.ser");
        ObjectInputStream oin = new ObjectInputStream(fin); //读入对象
        stu = (Student) oin.readObject();
        oin.close();
```

```
            System.out.println("学生信息：  ");
            System.out.println( "ID: "+ stu.id);
            System.out.println( "name: "+stu.name);
            System.out.println("age: "+stu.age);
            System.out.println( "department: "+ stu.department);
        }
    }
```

程序编译运行后，输出结果如下：

```
学生信息：
ID：20051064
name：韩晓鹏
age：20
department：计算机学院
```

Apache FileUtils 和
IOUtils

可以看出，通过串行化机制正确保存和恢复了对象的状态。串行化过程是由 writeObject() 方法自动进行的，如果想明确控制对象实例变量的写入顺序、写入种类和写入方式，必须自定义 writeObject 和 readObject() 方法，即定义自己的数据流读写方式。

本章小结

在 Java 中有数据传输的地方都要用到输入 / 输出流（通常是文件、网络、内存和标准输入 / 输出等）。InputStream 和 OutputStream 是所有输入 / 输出流的根类（只有 RandomAccessFile 类是一个例外），read 和 write 是最基本的方法，读 / 写单位是字节。

java.io 包中针对输入、输出流目前支持字节（或者 ASCII 编码的字符）数据流传输和 Unicode 编码的字符数据流传输。其中支持字节流传输的类包括 InputStream 类和 OutputStream 类，支持 Unicode 编码的字符流传输的类有 Reader 类和 Writer 类，这些类都是抽象类，是所有操作数据流类的父类，它们提供了操作数据流的标准的基础方法，再由子类具体实现数据流的输入、输出操作。

Java 在操作磁盘文件时，将磁盘文件当作对象，把文件中存储的内容看作数据流。当通过文件来创建数据流时（将数据流对象和文件对象绑定），对数据流对象的输入、输出操作实际上都看作是对文件的读写操作。文件中的数据流也看作是有顺序的数据流，特别的一点是文件中数据流最后一个流结束符数据是一个文件结束符（EOF）数据。

在众多的流对象中，并不是每一种都单独使用，其中过滤流的子类在数据传送出去之前要做必要的处理，如图 7-7 所示。

图 7-7　过滤流的子类在数据传送出去之前的处理过程

需要注意的是，如果传输的数据流的类型是其他类型，需要先将这些数据对象进行序列化（serializable），即串行化。这样可以将数据对象转换为顺序的字节流，然后即可使用 java.io 中提供的各种输入输出操作方法进行数据传输（实际数据的序列化可通过 java.io 中提供的 Serializable 接口来完成）。

练习 7

一、选择题

1. 计算机中的流是指（　　）。
   A．流动的字节　　　　　　　　　B．流动的数据缓冲区
   C．流动的文件　　　　　　　　　D．流动的对象

2. 当输入一个字符流时，要（　　）。
   A．继承 InputStream 抽象类　　　　B．实现 ObjectInput 接口
   C．继承 Reader 抽象类　　　　　　D．实现 DataInput 接口

3. FileInputStream 构造方法的有效参数是（　　）。
   A．无参数　　　　　　　　　　　B．InputStream 对象
   C．File 对象　　　　　　　　　　D．以上所有选项

4. 下列叙述中，错误的是（　　）。
   A．File 类能够存储文件　　　　　B．File 类能够读写文件
   C．File 类能够建立文件　　　　　D．File 类能够获取文件目录信息

5. 下列数据流中，属于输入流的是（　　）。
   A．从内存流向硬盘的数据流　　　B．从键盘流向内存的数据流
   C．从键盘流向显示器的数据流　　D．从网络流向显示器的数据流

6. 字符流与字节流的区别是（　　）。
   A．前者带有缓冲，后者没有　　　B．前者是块读写，后者是字节读写
   C．二者没有区别，可以互换使用　D．每次读写的字节数不同

7. 下列流中使用了缓冲区技术的是（　　）。
   A．BufferedReader　　　　　　　B．FileInputStream
   C．DataOutputStream　　　　　　D．FileReader

8. 下列 InputStream 类中可以关闭流的是（　　）。
   A．skip()　　　　　　　　　　　B．close()
   C．mark()　　　　　　　　　　　D．reset()

9. 用"new FileOutputStream("data.txt",true);"创建一个 FileOutputStream 实例对象，下列说法中正确的是（　　）。
   A．如果文件 data.txt 存在，则抛出 IOException 异常
   B．如果文件 data.txt 不存在，则抛出 IOException 异常
   C．如果文件 data.txt 存在，则覆盖文件中已有的内容
   D．如果文件 data.txt 存在，则在文件的末尾开始添加新内容

10. 下面的程序，已知其源程序的文件名是 J_Test.java，其所在路径和当前路径都为 C:\example，则下列结论中正确的是（　　）。

```
import java.io.File;
public class J_Test{
    public static void main(String[] args){
```

```
        File f = new File("J_Test.class");
        System.out.println(f.getAbsolutePath());
    }
}
```

A．程序可以通过编译并正常运行，结果输出：J_Test.class

B．程序可以通过编译并正常运行，结果输出：\example

C．程序可以通过编译并正常运行，结果输出：C:\example\J_Test.class

D．程序无法通过编译或无法正常运行

二、填空题

1．在 JDK 中的 _____ 包下提供了多种输入 / 输出类。

2．Java 中的流根据处理数据的不同可分为两种：一种是 _____ 流，另一种是 _____ 流。

3．标准输出是指将数据输出到计算机的 _____。标准输入是指从 _____ 设备读取数据。

4．字符类输出流的各个子类都是抽象类 _____ 的子类。

5．Java 中每个字符用 _____ 个字节表示。

三、设计题

编写一个程序，其功能是将两个文件的内容合并到一个文件中。

第 8 章　集合与泛型

本章导读

集合在 Java 编程中使用非常广泛，是数据结构的一种。本章主要介绍 Java 集合中的两大根接口 Collection 接口和 Map 接口，以及 Collection 派生出的 3 个子接口 List、Set、Queue 和它们的主要实现类。此外对 Iterator 迭代器、泛型、反射等也进行了讲解。

读者应掌握和区分常用的集合类，实际应用时选择合适的存储方式以提高程序的运行效率；学会使用泛型编写更加简洁和健壮的代码；了解反射机制并能够简单应用。

本章要点

- 认识 Java 集合类。
- Collection 接口和 Iterator 接口。
- Set 接口。
- List 接口。
- Map 接口。
- 泛型集合。
- 定义泛型类和泛型接口。
- 类型通配符。
- 泛型方法。
- 反射机制。

8.1　Java 集合介绍

Java 语言的 java.util 包中提供了一些集合框架，这些集合可以看作是容器，用来存储、获取、操纵和传输具有相同性质的多个元素。

现实中的容器主要是添加对象、删除对象、清空对象等。例如水桶中的水装入和倒出很方便，但却不能进行其他操作了。衣柜里的衣服，可以放入和取出，也可以有序摆放，以便快速地查找，但是柜子底部的衣服却不容易取出。Java 的集合也是如此，有些是方便放入（插入）和取出（删除）的，有些则是为了方便查找数据。

集合和数组的不同之处在于，数组的大小是固定的，只能存放类型相同的数据（基本类型或引用类型），访问效率高，不能随着需求的变化而扩容。而集合是一种更强大、更灵活、可随时扩容的容器，可以存储和操作数目不固定的一组数据（可存储引用类型却不能存放基本数据类型）。

JDK1.2 版本后，Java 正式引入集合的概念，封装了一组非常强大和方便的集合框架 API，大大提高了开发效率。若编写程序时不知道究竟需要多少个对象，在空间不足时需要做到自动扩增容量，则此时需要使用集合来实现，数组就不适合了。

Java 中常用的集合类有 List 集合、Set 集合和 Map 集合，其中 List 集合和 Set 集合继承了 Collection 接口（Java 5 后新增了队列 Queue）。图 8-1 所示为集合类的继承关系。

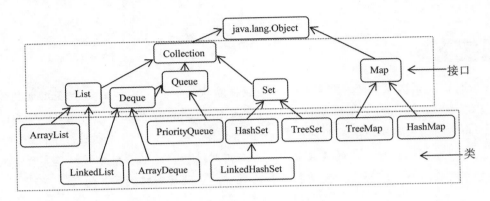

图 8-1　集合类的继承关系

8.2　Collection 接口与 Iterator 接口

8.2.1　Collection 接口

Collection 接口是 List 接口和 Set 接口的父接口，该接口里定义的方法既可用于 Set 集合，也可用于 List 集合。Collection 接口里定义了一些操作集合元素的方法，如表 8-1 所示。

表 8-1　Collection 接口定义的相关方法

方法	说明
boolean add(Object o)	向集合中加入指定对象 o，增加成功返回 true，否则返回 false
boolean addAll(Collection c)	将指定集合 c 内的所有元素添加到该集合内，增加成功返回 true，否则返回 false
void clear()	删除集合内的所有元素
boolean contains(Object o)	如果该集合里包含指定元素，返回 true
boolean containsAll(Collection c)	如果该集合里包含集合 c 里的所有元素，返回 true
boolean isEmpty()	如果该集合里没有包含任何元素，返回 true，否则返回 false
Iterator iterator ()	返回一个 Iterator 对象，可以用来遍历集合中的元素
boolean remove(Object o)	将指定元素 o 从集合中删除，成功则返回 true，否则返回 false
boolean removeAll(Collection c)	删除该集合中包含的集合 c 的所有元素,若删除 1 个及 1 个以上元素，返回 true
boolean retainAll(Collection c)	从该集合中删除集合 c 里不包含的元素，若该操作改变了调用该方法的集合，返回 true
int size()	返回集合中元素的数目
Object[] toArray()	返回一个数组，该数组中包括集合中的所有元素

例 8-1　使用 Collection 中的方法对集合中的元素进行操作

```
//Example8_1.java
import java.util.*;          //集合依赖于java.util包，使用前需要导入
public class Example8_1{
public static void main(String[] args){
    Collection co=new ArrayList();
    co.add("a");              //向集合中添加元素
co.add("b");
    System.out.println("co集合的元素个数为："+co.size());
    co.clear();
    System.out.println("co集合是否没有任何元素："+co.isEmpty());
    co.add("c");
co.add("d");
    System.out.println("co集合是否包含\"d\"字符串："+co.contains("d"));
    Collection ce=new ArrayList();
    ce.add("1");
    ce.add("2");
    ce.add("c");
    //从ce集合里删除集合co不包含的元素，若删除1个及1个以上元素，返回true
    ce.retainAll(co);
    System.out.println("ce集合的元素："+ce);
    System.out.println("co集合是否完全包含ce集合？"+co.containsAll(ce));
    System.out.println("co集合的元素："+co);
    }
}
```

编译和运行上面的程序，结果如下：

```
co集合的元素个数为：2
co集合是否没有任何元素：true
co集合是否包含"d"字符串：true
ce集合的元素：[c]
co集合是否完全包含ce集合？true
co集合的元素：[c, d]
```

8.2.2　Iterator 接口

如果要遍历集合中的元素，可以使用传统循环的方法来实现，也可以使用 iterator() 来完成，该方法更简单。

Iterator 通过遍历（即迭代访问）集合中的元素来获取或删除某元素。Iterator 本身不能盛装对象，仅用于遍历集合，可以应用于 Set、List、Map 以及这些集合的子类，Iterator 对象也被称为迭代器。ListIterator 在 Iterator 基础上进行了扩展，允许双向遍历列表（Iterator 只能向后迭代），但 ListIterator 只能用于 List 及其子类型。

Iterator 接口和 ListIterator 接口定义了一些方法，如表 8-2 所示。

表 8-2　Iterator 接口和 ListIterator 接口定义的方法

方法	接口类型	说明
boolean hasNext()	Iterator	如果仍有元素可以迭代，返回 true，否则返回 false
Object next()	Iterator	返回下一个元素
void remove()	Iterator	删除当前元素

方法	接口类型	说明
void add(Object obj)	ListIterator	将指定的元素插入列表，该元素在下一次调用 next() 方法时被返回
boolean hasNext()	ListIterator	如果存在下一个元素，返回 true，否则返回 false
boolean hasPrevious()	ListIterator	如果存在前一个元素，返回 true，否则返回 false
Object next()	ListIterator	返回列表中的下一个元素
Object previous()	ListIterator	返回列表中的前一个元素
int nextIndex()	ListIterator	返回下一个元素的下标，如果不存在下一个元素，则返回列表的大小
void remove()	ListIterator	将当前元素删除
void set(Object obj)	ListIterator	将 obj 赋给当前元素，即上一次调用 next() 方法或 previous() 方法后返回的元素
int previousIndex()	ListIterator	返回前一个元素的下标，如果不存在前一个元素，则返回 -1

例 8-2   利用 Iterator 进行集合元素的输出。

```java
//Example8_2.java
import java.util.*;
public class Example8_2{
    public static void main(String[] args){
        ArrayList ar=new ArrayList();
        ar.add("a");ar.add("b");ar.add("c");
        System.out.println("集合的内容是：");
        Iterator ir=ar.iterator();
        while(ir.hasNext()){
            Object element=ir.next();          //ir.next()返回的数据类型是Object类型
            System.out.println(element);
            if(element.equals("b")) ir.remove();}
        System.out.println("删除b元素之后，集合的内容是："+ar);
    }
}
```

输出结果：

```
集合的内容是：
a
b
c
删除b元素之后，集合的内容是：[a, c]
```

例 8-3   利用 ListIterator 进行反向输出。

```java
//Example8_3.java
import java.util.*;
public class Example8_3{
    public static void main(String[] args){
        ArrayList ar=new ArrayList();
        ar.add("a");
        ar.add("b");
        ar.add("c");
        ListIterator it=ar.listIterator();
        while(it.hasNext()){
```

```
          Object element=it.next();
        }
      System.out.println("将列表反向输出：");
      while(it.hasPrevious()){
          Object element=it.previous();
          System.out.print(element+" ");
        }
      }
    }
```

输出结果：

```
将列表反向输出：
c b a
```

除了可以使用 Iterator 接口迭代访问 Collection 集合里的元素之外，使用 foreach 循环迭代访问集合中的元素也很便捷。

使用 foreach 循环遍历集合中的元素的部分代码如下：

```
ArrayList ar=new ArrayList();
ar.add("a");
ar.add("b");
ar.add("c");
System.out.println("集合的内容是：");
for(Object obj:ar){
  System.out.print(obj);
}
```

输出结果：

```
集合的内容是：abc
```

8.3　List 集合

List 集合中元素保持一定的顺序，并且允许元素重复。List 集合主要有两种实现类：ArrayList 类和 LinkedList 类，在本节中将进行详细讲解。

List 接口实现了 Collection 接口，因此 List 接口不仅拥有 Collection 接口提供的方法，而且 List 接口还提供了一些其他方法，如表 8-3 所示。

表 8-3　List 接口中的方法

方法	说明
boolean add(int index,Object obj)	index 为对象 obj 要加入的位置，其他对象的索引位置相对后移一位。索引位置从 0 开始
E remove(int index)	移除列表中指定位置的元素
E set(int index,E element)	用指定元素替换列表中指定位置的元素
E get(int index)	返回列表中指定位置的元素
int indexOf(Object obj)	返回列表中指定元素的索引。存在多个时，返回第一个的索引位置；不存在时，返回 -1
int lastIndexOf(Object obj)	返回列表中指定元素的索引。存在多个时，返回最后一个的索引位置；不存在时，返回 -1
ListIterator<E> listIterator()	返回此列表元素的列表迭代器（按适当顺序）

续表

方法	说明
ListIterator<E> listIterator (int index)	返回列表中元素的列表迭代器（按适当顺序），从列表的指定位置开始
List<E> subList(int fromIndex,int toIndex)	截取从起始索引位置 fromIndex（包含）到终止索引位置 toIndex（不包含）的对象，重新生成一个 List 集合并返回

例 8-4 运用表 8-3 中的方法编写程序。

```java
//Example8_4.java
import java.util.*;
public class Example8_4{
  public static void main(String[] args){
    ArrayList ar=new ArrayList();
    ar.add("a");
    ar.add("b");
    ar.add("c");
    System.out.println("ar集合中的元素为： "+ar);
    ar.set(0,"c");   //将索引位置为0的对象a修改为对象c
    System.out.println("ar集合中的元素为： "+ar);
    ar.add(1,"e");   //将对象e添加到索引位置为1的位置
    for(int i=0;i<ar.size();i++)   //通过for循环遍历ar集合
      System.out.print(ar.get(i));
    System.out.println("\n"+"c对象的第一个索引位置为： "+ar.indexOf("c"));
    //获取重复对象的第一个索引位置
    System.out.println("c对象的最后一个索引位置为： "+ar.lastIndexOf("c"));
    //获取重复对象的最后一个索引位置
    System.out.println("ar集合中的元素为： "+ar.subList(1,2));
    //利用索引位置1到2的对象重新生成一个集合
  }
}
```

输出结果：

```
ar集合中的元素为： [a, b, c]
ar集合中的元素为： [c, b, c]
cebc
c对象的第一个索引位置为： 0
c对象的最后一个索引位置为： 3
ar集合中的元素为： [e]
```

8.3.1 ArrayList

ArrayList 类的构造方法如表 8-4 所示。

表 8-4 ArrayList 类的构造方法

方法	说明
ArrayList()	构造一个初始容量为 10 的空列表
ArrayList(Collection<? extends E> c)	构造一个包含指定 Collection 的元素的列表，这些元素是按照该 Collection 迭代器返回它们的顺序排列的
ArrayList(int initialCapacity)	构造一个具有指定初始容量的空列表

ArrayList 采用动态对象数组实现，默认构造方法创建一个初始容量为 10 的空数组，

之后的扩容算法为：原来数组的大小 + 原来数组的一半。建议创建 ArrayList 时给定一个初始容量。

例 8-5 利用 ArrayList 集合对自定义数据类型进行输出。

```java
//Example8_5.java
import java.util.*;
class Person{
    private String name;
    private long id;
    public long getId(){return id;}
    public void setId(long id){this.id=id;}
    public String getName(){ return name;  }
    public void setName(String name){this.name=name;}
}
public class Example8_5{
    public static void main(String args[]){
        List<Person> list=new ArrayList<Person>();
        String names[]={"张三","李四"};
        long id[]={22011,33522};
        for(int i=0;i<names.length;i++){
            Person per=new Person();
            per.setName(names[i]);
            per.setId(id[i]);
            list.add(per);
        }
        for(int i=0;i<list.size();i++){
            Person per=list.get(i);
            System.out.println(per.getName()+" "+per.getId());
        }
    }
}
```

ArrayList 的扩容

输出结果：

```
张三 22011
李四 33522
```

8.3.2 LinkedList

LinkedList 类的主要方法如表 8-5 所示。

表 8-5 LinkedList 类的主要方法

方法	说明
void addFirst(E obj)	将指定元素插入此列表的开头
void addLast(E obj)	将指定元素插入此列表的结尾
E getFirst()	返回列表开头的元素
E getLast()	返回列表结尾的元素
E removeFirst()	移除列表开头的元素
E removeLast()	移除列表结尾的元素

例 8-6 使用表 8-5 中的方法编写程序。

```
//Example8_6.java
import java.util.*;
public class Example8_6{
    public static void main(String[] args){
        LinkedList ln=new LinkedList();
        ln.add("a");          //索引位置为0
        ln.add("b");          //索引位置为1
        ln.add("c");          //索引位置为2
        ln.add("d");          //索引位置为3
        //获得并输出列表开头的对象
        System.out.println("列表开头元素为"+ln.getFirst()+","+"列表结尾元素为"+ln.getLast());
        ln.addFirst("rr");   //向列表开头添加一个对象
        System.out.println("列表所有元素："+ln);    //获得并输出列表开头的对象
        ln.removeLast();   //移除列表开头的对象
        System.out.println("列表结尾元素为"+ln.getLast());    //获得并输出列表结尾的对象
    }
}
```

输出结果：

列表开头元素为a，列表结尾元素为d
列表所有元素：[rr, a, b, c, d]
列表结尾元素为c

8.3.3　ArrayList 与 LinkedList 的比较

ArrayList() 和数组类似，也是线性顺序存储，可理解成可变容量的数组。如果需要根据索引位置访问集合中的元素，那么线性顺序存储方式效率较高，但如果向 ArrayList() 中插入和删除元素，则速度较慢，这是因为在插入（删除）指定索引位置上的元素时，当前元素及之后的元素都要相应地向后移动一位（或之后的元素向前移动一位），从而影响对集合的操作效率。

LinkedList() 在实现中采用链表数据结构。相比于 ArrayList，LinkedList 访问速度较慢，但插入和删除速度快，主要原因在于当插入和删除元素时，只需要修改相应的链接位置，不需要移动大量的元素。

Vector 是 Java 旧版本中集合的实现，它与 ArrayList 的操作几乎一样，但 Vector 是线程安全的动态数组。

8.4　Set 集合

Set 集合中的对象没有按照特定的方式进行排序，仅仅简单地将对象加入其中，但是集合中不能存放重复对象。由于 Set 接口实现了 Collection 接口，所以 Set 接口拥有 Collection 接口提供的所有常用方法。

8.4.1　HashSet

List 集合按照对象的插入顺序保存对象，Set 集合的对象并不按照该方法进行存储，可以说是无序的，但又不是完全无序。

HashSet 是 Set 集合最常用的实现类，它按照 Hash 算法（哈希算法）来存储集合中的元素，根据对象的哈希码确定对象的存储位置，具有良好的存取和查找性能。HashSet 类的主要方法如表 8-6 所示。

表 8-6　HashSet 类的主要方法

方法	说明
boolean add(E e)	如果此集合中尚未包含指定元素，则向集合中添加指定元素
void clear()	移除集合中的所有元素
boolean contains(Object o)	如果此集合包含指定元素，则返回 true
boolean isEmpty()	如果此集合不包含任何元素，则返回 true
Iterator iterator()	返回对此集合中元素进行迭代的迭代器
boolean remove(Object o)	如果指定元素存在于此集合中，则将其删除
int size()	返回此集合中的元素数量

例 8-7　HashSet 类的实现。

```java
//Example8_7.java
import java.util.*;
public class Example8_7{
    public static void main(String[] args){
        HashSet hs=new HashSet();
        hs.add("b");
        hs.add("a");
        hs.add("e");
        hs.add("null");
        System.out.println("集合中的元素为："+hs);
        hs.remove("b");
        System.out.println("集合中是否包含b元素："+hs.contains("b"));
        Object[] ob=hs.toArray();
        System.out.print("数组ob的元素为：");
        for(int i=0;i<hs.size();i++)
            System.out.print(ob[i]+" ");
        hs.clear();
        System.out.println("\n"+"集合中是否不包含任何元素："+hs.isEmpty());
    }
}
```

输出结果：

```
集合中的元素为：[a, b, null, e]
集合中是否包含b元素：false
数组ob的元素为：a null e
集合中是否不包含任何元素：true
```

由上面的输出结果可以看出，HashSet 中的元素并没有按照顺序进行存储，并且 HashSet 中的元素值可以是 null，null 个数只有一个；重复向 HashSet 中添加元素，其值只显示一次。

Set 集合中不允许重复的元素存在，当向集合中插入对象时，如何判别在集合中是否已经存在该对象？

（1）当向 HashSet 集合添加新对象时，Java 系统先调用对象的 hashCode() 方法获得该对象的哈希码，然后根据哈希码找到对应的存储区域。

HashSet

（2）如果该存储区域已经存有对象，则调用 equals() 方法与新元素进行比较，相同就不保存，不相同就散列其他的地址。

针对用户自行定义的对象，需要重写 hashCode() 和 equals() 方法才能避免添加重复的对象，保证程序的正常运行。

8.4.2　TreeSet

TreeSet 集合中的元素处于排序状态。主要采用红黑树的数据结构来存储对象。TreeSet 提供了几个额外的方法，如表 8-7 所示。

表 8-7　TreeSet 的主要方法

方法	类型	说明
TreeSet()	构造	构造一个空 Set，该 Set 根据其元素的自然顺序进行排序
TreeSet(Collection c)	构造	用类 c 中的元素初始化 Set
TreeSet(Comparator comp)	构造	按照 comp 指定的比较方法进行排序
TreeSet(SortedSet s)	构造	构造一个包含了 s 元素的 Set
Object first()	普通	返回 Set 中排序为第一个（最低）的元素
Object last()	普通	返回 Set 中排序为最后一个（最高）的元素
Object lower(Object e)	普通	返回此 Set 中严格小于给定元素的最大元素（参考元素不需要是 TreeSet 集合里的元素），如果不存在这样的元素，则返回 null
Object higher(Object e)	普通	返回此 Set 中严格大于给定元素的最大元素（参考元素不需要是 TreeSet 集合里的元素），如果不存在这样的元素，则返回 null
SortedSet subSet(fromElement, toElement)	普通	返回有序集合，其元素从 fromElement（包括）到 toElement（不包括）
SortedSet headSet(toElement)	普通	返回此 Set 的部分集合，其元素严格小于 toElement
SortedSet tailSet(fromElement)	普通	返回此 Set 的部分集合，其元素大于等于 fromElement

例 8-8　利用 TreeSet 方法对集合中的元素进行操作。

```
//Example8_8.java
import java.util.*;
public class Example8_8{
  public static void main(String[] args){
    TreeSet tr=new TreeSet();
    TreeSet sr=new TreeSet();
    tr.add(10);
    tr.add(0);
    tr.add(8);
    tr.add(3);
    sr.add("g");
    sr.add("d");
    sr.add("a");
    //输出集合元素，看到集合元素已经处于排序状态
    System.out.println("输出集合tr中的元素："+tr);
    System.out.println("输出集合sr中的元素："+sr);
    //输出集合里的第一个元素
```

```
        System.out.println("集合tr中的第一个元素为："+tr.first()+"\n"+"集合sr中的第一个元素为："+sr.first());
        //输出集合里的最后一个元素
        System.out.println("集合tr中的最后一个元素为："+tr.last()+"\n"+"集合sr中的最后一个元素为："
        +sr.last());
        //返回tr中小于5的子集，不包含5；返回sr中小于e的Unicode值的子集
        System.out.println(tr.headSet(5));
        System.out.println(sr.headSet("e"));
        //返回大于8的子集，如果Set中包含8，子集中也包含8
        System.out.println(tr.tailSet(8));
        //返回大于等于9、小于11的子集
        System.out.println(tr.subSet(9,11));
    }
}
```

编译、运行上面的程序，看到如下运行结果：

```
输出集合tr中的元素：[0, 3, 8, 10]
输出集合sr中的元素：[a, d, g]
集合tr中的第一个元素为：0
集合sr中的第一个元素为：a
集合tr中的最后一个元素为：10
集合sr中的最后一个元素为：g
[0, 3]
[a, d]
[8, 10]
[10]
```

从上面的运行结果可以看出，TreeSet 是根据元素实际值的大小进行排序的，并不同于 List 是按元素插入顺序进行排序的。如果对象是数值型，按数值大小进行排序；如果是字符型（或字符串），按照字符（或字符串中字符）的 Unicode 值进行排序；如果是日期、时间，则后面的日期大于前面的日期；如果是布尔型，则 true 大于 false。

8.4.3　Set 实现类的性能分析

HashSet 和 TreeSet 是 Set 接口的两个实现类，那么应该如何选择 HashSet 和 TreeSet 呢？TreeSet 集合中的元素是有序的，需要额外的红黑树算法对数据进行排序，因此如果需要一个保持顺序的集合时，应该选择 TreeSet；如果经常对元素进行添加、查询等操作，则应首选 HashSet。

LinkedHashSet 是 HashSet 的一个子类，具有 HashSet 的特性，也是根据元素的 hashCode 值来确定元素的存储位置，但它使用链表维护元素的次序，因此插入和删除的性能略低于 HashSet，但在迭代访问 Set 中的全部元素时有很好的性能。

8.5　Queue 队列

Queue 队列是一个先入先出（FIFO）的数据结构，Queue 接口与 List、Set 一样，都是继承了 Collection 接口，其中 LinkedList（双向链表）实现了 List 和 Deque 接口，在前面章节中已经介绍过，在此主要讲解 ArrayDeque 和 PriorityQueue。

8.5.1 Deque 与 ArrayDeque

Deque 接口是 Queue 接口的子接口，其中 Deque 接口的实现类主要有 ArrayDeque 类和 LinkedList 类。ArrayDeque 类是使用可变循环数组来实现的双端队列，该容器中不允许放入 null 元素，主要方法如表 8-8 所示。

表 8-8　ArrayDeque 的主要方法

方法	说明
add(E e)	将指定元素插入此双端队列的末尾
addFirst(E e)	将指定元素插入此双端队列的开头
addLast(E e)	将指定元素插入此双端队列的末尾
clear()	从此双端队列中移除所有元素
contains(Object o)	如果此双端队列中包含指定元素，则返回 true
element()	获取但不移除此双端队列所表示的队列的头
getFirst()	获取但不移除此双端队列的第一个元素
getLast()	获取但不移除此双端队列的最后一个元素
offer(E e)	将指定元素插入此双端队列的末尾
offerFirst(E e)	将指定元素插入此双端队列的开头
offerLast(E e)	将指定元素插入此双端队列的末尾
removeFirst()	获取并移除此双端队列第一个元素
removeLast()	获取并移除此双端队列的最后一个元素
size()	返回此双端队列中的元素数目

例 8-9　利用 ArrayDeque 类中的方法对元素进行操作。

```java
//Example8_9.java
import java.util.ArrayDeque;
public class Example8_9{
    public static void main(String args[]) {
        ArrayDeque<String> myqueue = new ArrayDeque<String>();
        myqueue.addFirst("a");        //在队列开头插入a元素
        myqueue.addFirst("b");        //在队列开头插入b元素
        myqueue.addLast("c");         //在队列末尾插入c元素
        System.out.println("队列中的元素有: "+myqueue);  //输出队列中的元素
        //判断队列中是否包含指定的元素，如果包含则返回true，否则返回false
        System.out.println("队列中是否包含c元素: "+myqueue.contains("c"));
        myqueue.removeFirst();   //移除队列的第一个元素
        System.out.println("队列中的首元素为: "+myqueue.element());   //获取队列中的首元素
        System.out.println("队列中的元素个数为: "+myqueue.size());
    }
}
```

编译、运行上面的程序，看到如下运行结果：

```
队列中的元素有: [b, a, c]
队列中的是否包含c元素: true
队列中的首元素为: a
队列中的元素个数为: 2
```

8.5.2　PriorityQueue

PriorityQueue（优先队列）是 Queue 接口的实现类，其底层是用堆来实现的。每次插入或删除元素后都对队列进行调整，使得队列始终构成最小堆（或最大堆），主要方法如表 8-9 所示。

表 8-9　PriorityQueue 的主要方法

方法	说明
add(E e)	将指定的元素插入此优先级队列
clear()	从此优先级队列中移除所有元素
contains(Object o)	如果此队列包含指定的元素，则返回 true
offer(E e)	将指定的元素插入此优先级队列
peek()	获取但不移除此队列的头，如果此队列为空，则返回 null
poll()	获取并移除此队列的头，如果此队列为空，则返回 null
remove(Object o)	从此队列中移除指定元素的单个实例（如果存在）
size()	返回此队列中的元素数目

例 8-10　利用 PriorityQueue 类中的方法对元素进行操作。

```
//Example8_10.java
import java.util.PriorityQueue;
public class Example8_10{
  public static void main(String args[]) {
    PriorityQueue<Integer> myPri = new PriorityQueue<Integer>();
    myPri.add(6);        //将指定元素插入此优先级队列
    myPri.add(4);
    myPri.add(7);
    //输出队列中的元素
    System.out.println("队列中的元素有："+myPri);
    //获取但不移除此队列的头
    System.out.println("队列中的头元素为："+myPri.peek());
    myPri.remove(7);    //移除队列中指定的元素
    System.out.println("移除元素之后，队列中的元素有："+myPri);
    System.out.println("队列中的元素个数为："+myPri.size());
  }
}
```

输出结果：

```
队列中的元素有：[4, 6, 7]
队列中的头元素为：4
移除元素之后，队列中的元素有：[4, 6]
队列中的元素个数为：2
```

8.6　Map 集合

Map 用于保存具有映射关系的数据，在 Map 集合中保存着两组值，一组值是 key 键，另一组值为 value 值。key 和 value 之间存在一对一关系，即通过指定的 key 键就能找到唯一的 value 值。Map 中的 key 键不允许重复（即 key 键唯一），value 值允许重复。

Map 接口中定义了表 8-10 中的常用方法。

表 8-10　Map 的主要方法

方法	说明
V put(K key,V value)	向集合中添加指定的键—值映射关系
void putAll(Map<? extends K,? extends V> m)	向此集合中添加指定集合中所有的键—值映射关系
boolean containsKey(Object key)	如果此集合存在指定键的映射关系，则返回 true
boolean containsValue(Object value)	如果此集合存在指定值的映射关系，则返回 true
V get(Object key)	返回指定键所映射的值，否则返回 null
Set<K> keySet()	以 Set 集合的形式返回该集合中的所有键对象
Collection<V> values()	以 Colletion 集合的形式返回该集合中的所有值对象
V remove(Object key)	如果存在一个键的映射关系，则将其从此映射中移除
void clear()	从此集合中移除所有的映射关系
boolean isEmpty()	如果此集合未包含键—值映射关系，则返回 true
int size()	返回集合中包含键—值映射关系的个数
boolean equals(Object obj)	比较指定的对象与此映射是否相等

在 Map 集合中，值对象可以为 null，并且不限制个数，因此 get() 方法的返回值为 null 时，可能在集合中没有该键对象，也可能是该键对象没有映射任何值对象（即值对象为 null）。因此，如果想要判断是否存在某个键，应该利用 containsKey() 方法，而不是采用 get() 方法来进行判断，如例 8-11。

例 8-11　使用 containsKey() 方法判断是否存在键对象。

```
//Example8_11.java
import java.util.*;
public class Example8_11{
  public static void main(String[] args){
    Map mp1=new HashMap();
    Map mp2=new HashMap();
    Map mp3=new HashMap();
    mp1.put(10001,"Bill");
    mp1.put(10002,null);
    mp2.put(10003,"lucy");
    mp3.put(10003,"lucy");
    System.out.println("集合mp1中的键对象为："+mp1.keySet());
    System.out.println("集合mp2中的键对象为："+mp2.keySet());
    mp1.putAll(mp2);
    System.out.println("集合mp1中键值对为："+mp1);
    System.out.print("集合mp1中，get()方法的返回结果："+mp1.get(10001)+" "+mp1.get(10002)+" "
        +mp1.get(10004));
    System.out.println("\n"+"集合mp1中，containsKey()方法的返回结果："+
        mp1.containsKey(10001)+" "+mp1.containsKey(10002)+" "+mp1.containsKey(10004));
    System.out.println("集合mp2和mp3是否为同一对象："+mp2.equals(mp3));
    mp3.clear();
    System.out.println("集合mp2和mp3是否为同一对象："+mp2.equals(mp3));
  }
}
```

编译、运行上面的程序，看到如下运行结果：

```
集合mp1中的键对象为：[10001, 10002]
集合mp2中的键对象为：[10003]
集合mp1中键值对为：{10001=Bill, 10003=lucy, 10002=null}
集合mp1中，get()方法的返回结果：Bill null null
集合mp1中，containsKey()方法的返回结果：true true false
集合mp2和mp3是否为同一对象：true
集合mp2和mp3是否为同一对象：false
```

8.6.1　HashMap

HashMap 实现了 Map 接口，因此 HashMap 拥有 Map 接口提供的所有常用方法。同
HashSet 类似，HashMap 不能保证元素的顺序。

实现类 HashMap 的底层实现采用了哈希表，JDK1.8 之前，哈希表实质上是 "数组 +
链表" 的形式，如图 8-2 所示。

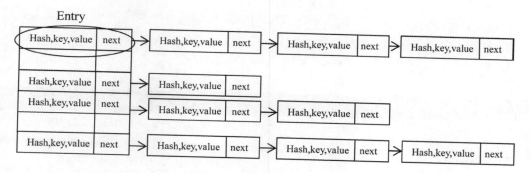

图 8-2　"数组 + 链表" 结构

键值对的存放和查询采用的是 Hash 算法，当添加一个元素（key-value）时，首先
计算元素 key 的 Hash 值，以此确定插入数组中的位置。有可能存在同一 Hash 值的元素
已经被放在数组的同一位置了，这时就添加到同一 Hash 值的元素的后面，它们在数组
的同一位置，但是形成了链表，同一个链表上的 Hash 值是相同的，所以说数组存放的
是链表。JDK8 中，当链表长度大于 8 时，链表就转换为红黑树，这样大大提高了查找
的效率。

例 8-12　利用 HashMap 存放数据。

```java
//Example8_12.java
import java.util.*;
public class Example8_12{
  public static void main(String[] args) {
    Map<Integer,String> map=new HashMap<>();
    map.put(109,"Java程序设计");
    map.put(107,"C语言");
    map.put(100,"Photoshop");
    map.put(99, "J2EE");
    //如果新的value覆盖了原有的value，则该方法返回被覆盖的value
    System.out.println(map.put(99, "Java程序设计"));
    System.out.println(map);
```

```
        System.out.println(map.containsKey(99));
        for(Object key:map.keySet()){
            System.out.println(key+"-->"+map.get(key));
        }
    }
}
```

输出结果：

```
J2EE
{99=Java程序设计, 100=Photoshop, 107=C语言, 109=Java程序设计}
true
99-->Java程序设计
100-->Photoshop
107-->C语言
109-->Java程序设计
```

8.6.2 TreeMap

TreeMap 是 Map 接口的主要实现类，TreeMap 存放的是有序数据，按照 key 进行排序。
TreeMap 类的主要方法如表 8-11 所示。

表 8-11 TreeMap 的主要方法

方法	类型	说明
TreeMap()	构造	使用键的自然顺序构造一个新的、空的树映射
TreeMap(Map m)	构造	构造一个与给定映射具有相同映射关系的新的树映射，该映射根据其键的自然顺序进行排序
TreeMap(Comparator comp)	构造	构造一个新的、空的树映射，该映射根据给定的比较器进行排序
TreeMap(SortedMap m)	构造	构造一个与指定有序映射具有相同映射关系和相同排序顺序的新的树映射
Comparator<? super K> comparator()	普通	返回对此映射中的键进行排序的比较器；如果此映射使用键的自然顺序，则返回 null
K firstKey()	普通	返回此映射中当前第一个（最低）键
K lastKey()	普通	返回此映射中当前最后一个（最高）键
SortedMap<K,V> headMap(K toKey)	普通	返回此映射的部分视图，其键值严格小于 toKey
SortedMap<K,V> subMap(K fromKey, K toKey)	普通	返回此映射的部分视图，其键值的范围从 fromKey（包括）到 toKey（不包括）
SortedMap<K,V> tailMap(L fromKey)	普通	返回此映射的部分视图，其键值大于（或等于，如果 inclusive 为 true）fromKey

8.6.3 HashMap 与 TreeMap 的性能分析

比较方法

HashMap 并没有按照键值的大小输出，而 TreeMap 是按照键值的大小进行输出的。
如果需要对 key-value 对进行插入、删除操作，则使用 HashMap，这是由于 TreeMap 底
层采用红黑树（红黑树的每个节点就是一个 key-value 对）来对 key-value 进行排序，而
HashMap 不必专门进行排序操作。如果编写程序时需要排好顺序的 Map，则需要使用
TreeMap。

8.7 泛型

在没有泛型之前，集合中加入特定的对象时，就会被当成 Object 类型，忘记对象本来的具体类型。当从集合中取出对象后，需要进行强制类型转换，这种操作不仅使代码臃肿，并且容易引起异常。

引入泛型的集合可以记住元素类型，在编译时检查元素类型，如果向集合中添加不满足类型要求的对象时编译器就会提示错误。增加泛型，使代码变得更简洁，能够消除源代码中的许多强制类型转换，提高 Java 中的类型安全。

8.7.1 Java 7 泛型的菱形语法

泛型可以表示为如下形式：

```
List<String>  str=new ArrayList<String>();
Set<String>  st=new Set<String>();
Map<String,String> mp=new Map<String,String>();
```

Java 7 开始，泛型就可以简化成下面的形式：

```
List<String>  str=new ArrayList<>();
Set<String>  st=new Set<>();
Map<String,String> mp=new Map<>();
```

8.7.2 泛型举例

泛型对集合类非常重要，在集合中引入泛型能够提供编译时的类型安全，并且从集合中取得元素后不必再强制转换，简化了程序代码。

例 8-13　使用泛型进行遍历集合操作。

泛型延伸知识

```java
//Example8_13.java
import java.util.*;
public class Example8_13{
  public static void main(String[] args){
    List<String> ar=new ArrayList<>();
    Map<Integer,String> mp=new HashMap<>();
    ar.add("a");
    ar.add("b");
    mp.put(1,"c");
    mp.put(2,"d");
    System.out.println("ar集合元素为："+ar);
    //遍历Map集合中的元素
    Iterator<Map.Entry<Integer,String>> mp1=mp.entrySet().iterator();
    System.out.println("mp集合元素为：");
    while(mp1.hasNext()){
      Map.Entry<Integer,String> next=mp1.next();
      System.out.println(next.getKey()+" "+next.getValue());
    }
  }
}
```

运行结果：

```
ar集合元素为：[a, b]
mp集合元素为：
1 c
2 d
```

8.8 反射

反射

在运行状态中，可以获取任意一个实体类的所有属性和方法，也能调用给定对象的任意属性和方法，这种动态获取类的信息以及动态调用对象内容的方式称为反射机制。

任何一个经过编译生成的 class 文件，在被类加载器加载后都会对应有一个 java.lang.Class 类的实例。所以说，每个类的自有方法属性（类结构）自然被包含在其对应的实例上，也就可以获取到。

现针对反射机制作以下简单介绍：

（1）要使用一个类，就先要把它加载到虚拟机中，生成一个 Class 对象。这个 Class 对象保存了该类的一切信息。反射机制的实现就是获取这个 Class 对象（字节码），通过 Class 对象去访问类、对象的元数据以及运行时的数据。

（2）反射首先获取 Class 对象，然后获取 Method 类和 Field 类，最后通过 Method 和 Field 类进行具体的方法调用或属性访问。

1）通过反射机制获取 Class 对象的 3 种方法如下：

● 根据类的全路径名获取：Class.forName(" 类的全路径名 ");

● 根据类的名字获取：类名 .class;

● 根据类的对象获取：对象名 .getClass();

例如：

```
Class<?> clazz = Class.forName("com.mysql.jdbc.Driver");
```

2）获得本类的所有构造器。

```
Constructor<?>[] constructors = clazz.getDeclaredConstructors();
```

3）获取本类的所有声明的方法并存储在一个数组中。

```
Method[] methods = clazz.getDeclaredMethods();
```

获取本类所有的公共方法。

```
Method method[] = clazz.getMethods();
```

4）获取本类所有声明的属性并存储在一个数组中。

```
Field[] field = clazz.getDeclaredFields();
```

获取本类所有的公共字段。

```
Field[] filed1 = clazz.getFields();
```

5）具体方法的反射。

获取一个方法（由方法名、参数决定）。

```
Method method = clazz.getDeclaredMethods();
```

获取一个公有方法（由方法名、参数决定）。

```
Method method = clazz.getMethod(方法名,参数类型);
```

调用某个具体实例对象的某个公有方法。

method.invoke(实例对象,参数值);

现针对上述内容编写程序来实现反射机制的运用。

例 8-14 运用反射查看类的属性、方法等。

```java
//Example8_14.java
package first;
import java.lang.reflect.*;
class user {
    public String name;
    protected int age;
    protected user() {
    }
    protected user(String name, int age) {
        this.name = name;
        this.age = age;
    }
    public String toString() {
        return "name=" + name + ";" + "age=" + age;
    }
    @SuppressWarnings("unused")
    private void print(int i) {
        System.out.println(" 第" + i + "个私有方法");
    }
    protected String pro(int i) {
        return " 第" + i + "个保护方法";
    }
}
public class Example8_14 {
    public static void main(String[] args)
        throws ClassNotFoundException, IllegalArgumentException, IllegalAccessException,
        InvocationTargetException {
        Class<user> claz = user.class; //获取类名1
        System.out.println(claz);
        Class<?> claz1 = new user().getClass();
        System.out.println(claz == claz1); //获取类名2
        Class<?> claz2 = Class.forName("first.user");
        System.out.println(claz == claz2); //获取类名3
        user ser = new user();
        //访问构造方法
        Constructor<?>[] ct = claz.getDeclaredConstructors();
        for (int i = 0; i < ct.length; i++) {
            Constructor<?> cs = ct[i];
            user us = null;
            while (us == null) {
                try {
                    if (i == 0)
                        us = (user) cs.newInstance();
                    else if (i == 1)
                        us = (user) cs.newInstance("张三", 18);
                } catch (Exception e) {
                    cs.setAccessible(true);
                }
            }
            System.out.println(us.toString());
        }
        //访问成员变量并赋值
```

```
        Field[] fd = claz.getDeclaredFields();
        for (int i = 0; i < fd.length; i++) {
            Field field = fd[i];
            //getName()方法用来返回成员变量的名称， getType()方法用来返回成员变量的类型
            System.out
                .println("第" + i + "个成员变量名称为：" + field.getName() + " " + "第" + i + "个成员
                变量类型为：" + field.getType());
            boolean isTurn = true;
            while (isTurn) {
                isTurn = false;
                System.out.println("修改前的值为：" + field.get(ser));
                if (field.getType().equals(int.class))
                    field.setInt(ser, 25);
                else
                    field.set(ser, "李四");
                System.out.println("修改后的值为：" + field.get(ser));
            }
        }
        //访问普通方法
        Method[] me = claz.getDeclaredMethods(); //获得所有方法
        for (int i = 0; i < me.length; i++) {
            Method mt = me[i];
            System.out.print("第" + i + "个方法名称为：" + mt.getName() + " " + "返回值类型为：" +
            mt.getReturnType()); //输出所有方法
            boolean isTurn = true;
            while (isTurn) {
                //invoke(Object obj,Object...args)方法用来调用Method类中的方法
                try {
                    isTurn = false;
                    if (i == 0) {
                        System.out.println("  " + mt.invoke(ser));
                    } else if (i == 1)
                        mt.invoke(ser, i);
                    else if (i == 2)
                        System.out.println("  " + mt.invoke(ser, i));
                } catch (Exception e) {
                    mt.setAccessible(true);
                    isTurn = true;
                }
            }
        }
    }
}
```

运行结果：

```
class user
true
true
name=null；age=0
name=张三；age=18
第0个成员变量名称为：name  第0个成员变量类型为：class java.lang.String
修改前的值为：null
修改后的值为：李四
第1个成员变量名称为：age  第1个成员变量类型为：int
修改前的值为：0
修改后的值为：25
第0个方法名称为：toString  返回值类型为：class java.lang.String  name=李四；age=25
```

第1个方法名称为：print 返回值类型为：void　第1个私有方法
第2个方法名称为：pro 返回值类型为：class java.lang.String　　第2个保护方法

本章小结

本章主要介绍了 Java 中几种常用的集合、迭代方法、集合之间的对比、泛型的使用以及反射机制，重点是对 Set、List 和 Map 用法的掌握、泛型集合以及反射机制概念的理解和运用，为后面 Java 的综合应用打下基础。

练习 8

一、简答题

1．集合与数组有哪些区别？集合的核心接口有哪些？

2．简述 List、Set、Map 的特点与区别。

3．使用泛型有哪些优点？

4．什么是反射？

二、选择题

1．下列选项中（　　）不是接口 Collection 的实现类。

    A．HashSet　　　　　B．ArrayList　　　　　C．TreeSet　　　　　D．HashMap

2．下列选项中（　　）不是 Iterator 接口中定义的方法。

    A．next()　　　　　B．hasNext()　　　　　C．hasPrevious()　　　D．remove()

3．下列选项中（　　）是不包含重复元素且有序的集合类。

    A．HashSet　　　　B．TreeSet　　　　　C．ArrayList　　　　　D．HashMap

4．下列关于泛型的描述中错误的是（　　）。

    A．可以消除源代码中的许多强制类型转换

    B．可以提高 Java 中的类型安全

    C．定义泛型后，如果数据不一致，则在程序运行时会报错

    D．不存在泛型类

5．下列选项中不能获得类名的是（　　）。

    A．Class.forName;　　　　　　　　　B．getClass();

    C．getName;　　　　　　　　　　　　D．类 .class;

三、编程题

1．使用 Map 存放多个图书信息，遍历并输出。其中商品属性包括编号、名称、单价、出版社，使用商品编号作为 Map 中的 key。

2．使用 HashSet 存储多个商品信息，遍历并输出。其中商品属性包括编号、名称、单价、出版社，要求向其中添加多个相同的商品，验证集合中元素的唯一性（提示：向 HashSet 中添加自定义类的对象信息，要重写 hashCode() 和 equals() 方法）。

第 9 章 图形用户界面设计

本章导读

图形用户界面（GUI）提供了一种可以与用户进行交互的操作界面，更加直观、易懂。Java 语言中主要由 java.awt 和 javax.swing 包来实现用户交互界面。本章在对 AWT 进行讲解的基础上又着重讲解 Swing 的相关知识、容器类组件、Swing 中常用的组件、布局管理器、事件处理等。

读者应了解 AWT 和 Swing 的概念；学会使用常用组件创建交互式图形用户界面的方法；掌握图形用户界面中布局管理器的使用方法；学会事件处理程序的编写方法，借助 WindowBuilder 插件设计界面；了解 Swing Designer 图形化功能插件的用法。

本章要点

- AWT 和 Swing。
- 容器类。
- Swing 常用组件。
- 布局管理器。
- 事件处理。
- Swing Designer 插件用法。

9.1 AWT 和 Swing 介绍

相比于控制台应用程序，使用图形用户界面（Graphic User Interface，GUI）的应用程序提供了一种更加直观的界面，方便与用户进行交互。因此在掌握了 Java 语言的基本知识后，有必要学习 GUI 程序设计的相关内容。本章主要介绍如何使用 Java 语言中的有关组件来构建 GUI 应用程序。

Java 提供了 3 个主要的包来进行 GUI 开发：

- Java.awt：主要提供字体 / 布局管理器。
- Javax.swing：主要提供各种组件（窗口、按钮）。
- Java.awt.event：提供处理由 AWT 组件所激发的各类事件的接口和类，负责后台功能的实现。

9.1.1 AWT

Java 语言最初用 AWT（Abstract Window Toolkit，抽象窗口工具包）组件开发的图形用户界面需要依赖本地系统，一旦移植到其他平台上运行，外观风格可能会发生变化。

AWT 组件提供了按钮、标签、菜单、颜色、字体、布局管理器等基本 GUI 程序组件，此外还提供了事件处理等功能，但是组件种类相对较少，外观也比较呆板。因此，在 Java 2 以后，SUN 公司开发出了一种功能更为强大的 Swing 组件。

9.1.2　Swing

Swing 组件位于 javax.swing 包中，该组件的实现完全用 Java 语言编写，即使移植到其他系统平台上，界面外观也不会发生变化。不同于 AWT，Swing 提供的用户界面并不依赖于本地系统平台；Swing 继承了 AWT，其组件更加丰富，外观也更灵活多样。

尽管 Swing 提供的组件为 Java 应用程序的开发提供了方便，但 Swing 并不能完全替代 AWT，在 Swing 程序开发过程中，比如进行布局管理和事件处理，也需要 AWT 中的对象来完成。一般 AWT 组件称为重量级组件，Swing 中不依赖于本地 GUI 资源，只保留了几个重量级组件，其余的都是轻量级组件。

9.2　容器

一个 GUI 程序中的基本组件通常要放在一个容纳这些基本组件的容器中，所以把在 AWT 中专门容纳其他组件的一些特定组件叫做容器（Container）。容器主要分为顶层容器和中间容器，其中顶层容器有 JFrame、JDialog 等，中间容器有 JPanel、JOptionPane、JScrollPane（带滚动条的面板组件）、JLayeredPane（层级面板）、JSplitPane（分割面板）、JTabbedPane（选项卡面板）等。本节主要讲解 JFrame、JDialog、JPanel、JScrollPane 这 4 个常用的容器。

9.2.1　JFrame 类

JFrame 窗体是一个组件，同时也是一个容器，其他组件都需要被添加到容器中才能显示出来。JFrame 类的常用构造方法和其他主要方法的详细说明如表 9-1 所示。

表 9-1　JFrame 类的构造方法及普通方法

方法	类型	说明
JFrame()	构造	构造一个初始时不可见的新窗口
JFrame(String title)	构造	创建一个新的、初始不可见、指定标题的窗口
void setVisible(boolean b)	普通	参数 b 为 true，显示窗体，否则不可见
void setSize(int width,int height)	普通	设置窗体大小
void setBackground(Color c)	普通	设置窗口的背景颜色
void setLocation(int x,int y)	普通	设置窗口的显示位置
void setTitle(String s)	普通	设置窗口的标题
void pack()	普通	调整窗口的大小，以适合其子组件的大小和布局窗口的大小，不推荐使用
void setResizable(boolean resizable)	普通	设置窗口是否可调整大小
Component add(Component comp)	普通	向容器中添加组件
void setLayout(LayoutManager mgr)	普通	设置布局管理器，如果设置为 null，则表示不使用
Container getContentPane()	普通	当往窗口中添加组件或设置布局时使用

对于 setBackground(Color c) 方法，直接设置窗体的背景颜色是无效的，必须对内容窗格去操作，不能对框架去使用。

```
JFrame frame=new JFrame("MyJFrame");          //创建一个JFrame对象
frame.setBackground(Color.BLUE);              //设置颜色无效
frame.getContentPane().setBackground(Color.BLUE);
frame.setVisible(true);
```

运行上述代码，出现窗口后单击"关闭"按钮⊠，此时只是窗口进行了隐藏，而不是真的关闭了。

需要在 frame.setVisible(true); 前添加如下语句：

```
frame.setDefaultCloseOperation(JFrame.EXIT_ON_CLOSE);
```

EXIT_ON_CLOSE：关闭时退出程序。

9.2.2 简单对话框（JOptionPane）

JDialog（对话框）

使用 JDialog 类创建对话框时需要向对话框中添加各种组件，过程比较繁琐。此时对于一些常用的对话框，可以使用 javax.swing 包中的 JOptionPane 类提供的方法将对话框直接显示出来。

例 9-1 求任意数的阶乘。

```
//Example9_1.java
import java.math.BigInteger;
import javax.swing.*;
public class Example9_1{
    public static void main(String[] args) {
        String sNum;
        BigInteger result ;     //存放阶乘的结果
        int tNum;
        boolean flag=true;
        while(flag){
            result =new BigInteger("1");
            sNum= JOptionPane.showInputDialog("请输入要求阶乘的数：");
            tNum = Integer.parseInt(sNum);
            //求阶乘
            for(int i=1; i<=tNum; i++){
                result = result.multiply(BigInteger.valueOf(i));
            }
            //输出结果
            JOptionPane.showMessageDialog(null, sNum + "的阶乘是：" + result);
            //显示确认对话框
            int n=JOptionPane.showConfirmDialog(null, "是否还要继续求另一个数的阶乘？", "确认对话框", 0);
            if(n==JOptionPane.NO_OPTION){
                flag=false;
            }
        }
    }
}
```

JOptionPane 类主要包括输入信息对话框（showInputDialog）、输出信息对话框（showMessageDialog）和确认对话框（showConfirmDialog）。运行上面的程序，弹出 showInputDialog，输入需要计算的数据，单击"确定"按钮将会显示 showMessageDialog，再次单击"确定"按钮后显示 showConfirmDialog，根据对话框里面的内容进行相应的选择。

输入信息对话框（showInputDialog）主要是需要用户输入信息，通过下面的语句来执行：

```
String str= JOptionPane.showInputDialog("请输入相关信息:");
```

或者

```
float flo=Float.parseFloat(JOptionPane.showInputDialog("请输入相关信息:"));
```

输出信息对话框（showMessageDialog）主要是向用户传达信息。showMessageDialog() 方法一般需要指定一个显示该对话框的父窗口，也可以将父窗口指定为空（NULL）通过下面的语句来执行：

```
JOptionPane.showMessageDialog(null, sNum + "的阶乘是:" + result);
```

确认对话框（showConfirmDialog）主要是对用户的输入或选择等操作进行确认，例如程序中的语句：

```
JOptionPane.showConfirmDialog(null, "是否还要继续求另一个数的阶乘？", "确认对话框", 0);
```

showConfirmDialog 方法一共有 4 个参数，分别代表"指出父窗口""确认对话框提示信息""确认对话框名称"和"确认对话框格式"。

9.2.3　JPanel 类

Swing 中常用的面板有 JPanel 面板和 JScrollPane 面板。JPanel 面板继承了 java.awt.Container 类，作为中间容器，其常被用来容纳较小的轻量级控件，使整体布局更合理，默认情况下它是透明的。JPanel 类的构造方法如表 9-2 所示。

表 9-2　JPanel 类的常用构造方法及普通方法

方法	类型	说明
JPanel()	构造	创建默认布局（FlowLayout）的面板
JPanel(LayoutManager layout)	构造	以指定的布局管理器创建面板
void setLayout(LayoutManager layout)	普通	设置面板布局
Component add(Component comp)	普通	往面板中添加控件

面板容器可以设置更为复杂的布局。JPanel 面板是一种容器，可以承载其他组件，但是 JPanel 面板并不能独立存在，也需要放在其他容器中。关于面板，在后续的部分组件代码中也有用到。

9.2.4　JScrollPane 类

JScrollPane 面板带有滚动条，也是一种容器。在进行界面设置时，可能会存在较多的内容放在比较小的容器中的情况，此时可以使用 JScrollPane 面板。JScrollPane 类的构造方法及说明如表 9-3 所示。

表 9-3　JScrollPane 类的常用构造方法

方法	类型	说明
JScrollPane()	构造	创建一个空的 JScrollPane 对象，需要时水平和垂直滚动条都可显示
JScrollPane(Component view)	构造	创建一个显示指定组件内容的 JScrollPane，组件的内容如果超过视图大小，则会显示水平和垂直滚动条
JScrollPane(Component view,int vsbPolicy,int hsbPllicy)	构造	创建一个含组件的 JScrollPane 并设置滚动轴的出现时间
JScrollPane(int vsbPolicy,int hsbPllicy)	构造	创建一个不含组件的 JScrollPane 对象，可设置滚动轴的出现时间

使用 JScrollPane 类创建一个滚动面板，以下是部分代码。

```
JFrame frame=new JFrame("列表");
FlowLayout flowlayout=new FlowLayout(FlowLayout.CENTER);
    JPanel jp=new JPanel();
    String[] city={"aa","bb","cc","dd","ee","ff","gg"};
    JList list=new JList(city);                //创建列表
    JScrollPane js=new JScrollPane(list);      //创建JScrollPane面板对象
    jp.add(js);                                //将滚动条添加到窗体容器中
    frame.add(jp);
    jp.setLayout(null);
    js.setBounds(10,15,100,100);
```

运行结果如图 9-1 所示。

图 9-1 带滚动条的列表

从运行结果中可以看到，在窗体中创建了一个带滚动条的列表。如果想在滚动面板中添加多个组件，需要先将这些组件放在一个 JPanel 面板上，再将这个 JPanel 面板放在 JScrollPane 面板上。而一般情况下，JScrollPane 只能放置一个组件，并且不能使用布局管理器。

9.3 Swing 常用组件

Java Swing 中提供了 20 多种组件，这些组件都继承了 javax.swing.JComponent 类，同时也都继承了 JComponent 中的方法。表 9-4 所示是 JComponent 类中常用的方法，同时也是 Swing 类库中常用组件的共性方法。

表 9-4 JComponent 类的常用方法

方法	说明
void setBackground(Color bg)	设置背景色
void setVisible(boolean aFlag)	设置是否可见
void setFont(Font font)	设置字体
void setBorder(Border border)	设置边框
void setBounds(int x,int y,int width,int height)	设置组件大小
int getHeight()	返回组件高度
int getWidth()	返回组件宽度
int getX()	返回位置 X
Demension getSize(Demension rv)	返回尺寸

Swing 类中的常用基本组件都可以调用上述方法进行基本操作，但是每种组件也有自己的方法，下面介绍的每种组件中只介绍组件独有的方法。

9.3.1　JButton（按钮）

按钮在用户界面中是一种很常见的组件，可以用于触发特定的事件。Swing 中提供的提交按钮（JButton）、单选按钮（JRadioButton）、复选框（JCheckBox）等均继承了 AbstractButton 类，本小节先讲解提交按钮（JButton）的用法。JButton 类的构造方法如表 9-5 所示。

表 9-5　JButton 类的构造方法

方法	类型	说明
JButton()	构造	创建一个不带有文本和图标的按钮
JButton(Icon icon)	构造	创建一个带图标的按钮
JButton(String text)	构造	创建一个带文本的按钮
JButton(String text, Icon icon)	构造	创建一个带初始文本和图标的按钮

9.3.2　JLabel（标签）

JLabel（标签）主要是将文字显示到用户界面上，起到提示和说明的作用，比如放在文本框（JTextField）和文本域（JTextArea）的前面。JLabel 类的构造方法如表 9-6 所示。

表 9-6　JLabel 类的构造方法

方法	类型	说明
JLabel(String text)	构造	创建一个指定文本的标签，默认左对齐
JLabel(Icon icon)	构造	创建一个指定图像的标签，默认左对齐
JLabel(String text, int horizontalAlignment)	构造	创建一个指定文本的标签，设置水平对齐方式
JLabel(Icon icon, int horizontalAlignment)	构造	创建一个指定图像的标签，设置水平对齐方式
JLabel(String text,Icon icon, int horizontalAlignment)	构造	创建一个指定文本和图像的标签，设置水平对齐方式

9.3.3　JTextField（文本框）和 JPasswordField（密码输入框）

文本框（JTextField）组件也是一种基本组件，主要用于显示或输入一行文本，该类继承了 JTextComponent 类。

密码框（JPasswordField）组件用于输入文本，但是与文本框不同的是，它输入的文本是以某种符号进行了加密，JPasswordField 类继承了 JTextField 类。

JTextField 类和 JPasswordField 类的构造方法分别如表 9-7 和表 9-8 所示。

表 9-7　JTextField 类的构造方法

方法	类型	说明
JTextField()	构造	构造一个不含文本信息的文本框
JTextField(String text)	构造	构造一个指定文本初始化的文本框
JTextField(int columns)	构造	构造一个指定列数的空文本框
JTextField(String text,int columns)	构造	构造一个具有显示指定文本和指定列数的文本框

表 9-8   JPasswordField 类的构造方法

方法	类型	说明
JPasswordField()	构造	构造一个默认的密码框
JPasswordField(int columns)	构造	构造一个指定列数的空密码框
JPasswordField(String text)	构造	构造一个指定文本初始化的密码框
JPasswordField(String text, int columns)	构造	构造一个指定文本信息和列初始化的密码框

例 9-2   使用标签、文本框、密码输入框和按钮 4 个组件创建一个用户登录界面。

```java
//Example9_2.java
import javax.swing.*;
public class Example9_2 extends JFrame{
    //创建标签、文本框、密码输入框
    private JLabel userLab;
    private JTextField user;
    private JLabel passLab;
    private JPasswordField password;
    private JButton button;
    public Example9_2(){
        userLab=new JLabel("用户名");
        user=new JTextField();
        passLab=new JLabel("密    码");
        password=new JPasswordField(6);
        button=new JButton("提交");
        userLab.setBounds(10,5,50,25);
        user.setBounds(65,6,90,25);
        passLab.setBounds(10,40,50,25);
        password.setBounds(65,40,90,25);
        button.setBounds(64,75,60,25);
        init();
    }
    private void init(){
        this.setTitle("MyText");
        this.setLayout(null);
        this.add(userLab);
        this.add(user);
        this.add(passLab);
        this.add(password);
        this.add(button);
        this.setSize(193,140);
        this.setLocationRelativeTo(null);
        this.setDefaultCloseOperation(JFrame.DISPOSE_ON_CLOSE);
        this.setVisible(true);
    }
    public static void main(String args[]){
        new Example9_2();
    }
}
```

运行结果如图 9-2 所示。

图 9-2 用户登录界面

9.3.4 JTextArea（文本域）

JTextField 类只能显示单行文本，而 JTextArea 类可以处理多行文本，JTextArea 类是 JTextComponent 类的子类。JTextArea 类的构造方法如表 9-9 所示。

表 9-9 JTextArea 类的构造方法

方法	类型	说明
JTextArea()	构造	构造一个空文本域
JTextArea(String text)	构造	构造一个显示指定内容的文本域
JTextArea(int rows,int columns)	构造	构造一个显示指定行数和列数的空文本域
JTextArea(String text,int rows, int columns)	构造	构造一个显示指定内容、指定行数和列数的文本域

例 9-3 使用 JTextArea 创建一个文本区，用来显示列表框中被点击的内容。

```java
//Example9_3.java
import java.awt.event.*;
import javax.swing.*;
class CmbDemo extends JFrame{
    String course[]={"Java","C#","Python","R","php"};
    private JTextArea text;
    private JComboBox cmb;
    private JPanel jp;
    String con=new String();
    public CmbDemo(){
      jp=new JPanel();
      cmb=new JComboBox(course);
      jp.add(cmb);    //面板中添加
      text=new JTextArea(4,10);
      JScrollPane js=new JScrollPane(text);
      jp.add(js);
      this.add(jp);
      cmb.addActionListener(new ActionListener(){
        public void actionPerformed(ActionEvent e){
          if(e.getSource()==cmb){
            con+=cmb.getSelectedItem().toString()+"\n";
            text.setText(con);
          }
        }
      });
      this.setSize(260,150);
      this.setTitle("MyTitle");
      this.setLocationRelativeTo(null);
```

```
        this.setDefaultCloseOperation(JFrame.DISPOSE_ON_CLOSE);
        this.setVisible(true);
    }
}
public class Example9_3{
    public static void main(String args[]){
        new CmbDemo();
    }
}
```

运行结果如图 9-3 所示。

图 9-3　使用 JTextArea 创建文本区

上述程序中，选择列表框中的内容时文本区中将会出现相应的数据，若数据太多，文本区则会自动添加滚动条。

9.3.5　JRadioButton（单选按钮）

JRadioButton（单选按钮）在默认情况下是一个圆形的图标，在图标后面有一些说明性的文字，单选按钮可以让用户作出选择。JRadioButton 类的构造方法如表 9-10 所示。

表 9-10　JRadioButton 类的构造方法

方法	类型	说明
JRadioButton()	构造	创建一个单选按钮，未指定文本、图像，未被选择
JRadioButton(String text)	构造	创建一个带文本的单选按钮
JRadioButton(Icon icon)	构造	创建一个带图标且未被选定的单选按钮
JRadioButton(Icon icon, boolean selected)	构造	创建一个带图标且最初为选定状态的单选按钮
JRadioButton(String text,boolean selected)	构造	创建一个带文本且最初为选定状态的单选按钮
JRadioButton(String text, Icon icon,boolean selected)	构造	创建一个带文本和图标且最初为选定状态的单选按钮
void setSelected(boolean b)	普通	设置是否被选中
boolean isSelected()	普通	返回是否被选中
void setText(String text)	普通	设置显示文本
void setIcon(Icon defaultIcon)	普通	设置图片

使用 JRadioButton 类创建单选按钮，以下是部分代码。

```
JPanel panel1=new JPanel();
JPanel panel2=new JPanel();
    panel1.add(new JLabel("你喜欢的运动"));
    panel2.add(new JRadioButton("游泳"));
```

```
panel2.add(new JRadioButton("羽毛球"));
panel2.add(new JRadioButton("跑步"));
frame.add(panel1);
frame.add(panel2);
```

上面代码的运行结果中，显示的多个单选按钮可以同时被选中，也就是说这种显示并没有实现单选的功能。此时，可以通过 ButtonGroup 类将所有的单选按钮放在一个按钮组里面，这样才能实现单选的功能。

9.3.6　JCheckBox（复选框）

不同于单选按钮的是，JCheckBox（复选框）是一个方形图标，并可以进行多选设置，即一次可选中多个复选框。JCheckBox 类的构造方法如表 9-11 所示。

表 9-11　JCheckBox 类的构造方法

方法	类型	说明
JCheckBox()	构造	创建一个复选框，未指定文本、图像，未被选择
JCheckBox(Icon icon)	构造	创建一个带图标且未被选定的复选框
JCheckBox(Icon icon, boolean selected)	构造	创建一个带图标且最初为选定状态的复选框
JCheckBox(String text)	构造	创建一个带文本的复选框
JCheckBox(String text,boolean selected)	构造	创建一个带文本且最初为选定状态的复选框
JCheckBox(String text,Icon icon,boolean selected)	构造	创建一个带文本和图标且最初为选定状态的复选框

9.3.7　JComboBox（选择框）

JComboBox（选择框）中提供一组数据可供用户进行选择，但只能选择其中的一个数据。JComboBox 类是 JComponent 类的子类，相关的构造方法如表 9-12 所示。

表 9-12　JComboBox 类的构造方法

方法	类型	说明
JComboBox()	构造	创建一个选择框，无任何元素
JComboBox(ComboBoxModel aModel)	构造	创建取自现有的 ComboBoxModel 的选择框
JComboBox(Object[] items)	构造	创建包含指定数组中的元素的选择框
JComboBox(Vector<?> items)	构造	创建包含指定向量中的元素的选择框
int getItemCount()	普通	返回列表中的项数
void addItem(Object anObject)	普通	为列表增加元素
void insertItemAt(Object anObject, int index)	普通	添加元素到指定索引位置，索引从 0 开始
void removeItem(Object anObject)	普通	从列表中移除指定的元素
void removeItemAt(int anIndex)	普通	从列表中移除指定索引位置的元素
void removeAllItems()	普通	从列表中清除所有元素
setSelectedItem(Object anObject)	普通	设置指定元素为选择框中的默认选项
setSelectedIndex(Object anObject)	普通	设置指定索引位置的元素为选择框中的默认选项

续表

方法	类型	说明
void setEditable(boolean aFlag)	普通	设置选择框是否可编辑，默认不可编辑（false），true 为可编辑
void setMaximumRowCount(int count)	普通	设置选择框显示的最大行数

例 9-4　使用单选按钮、复选框、下拉列表和按钮 4 个组件来设置界面。

```java
//Example9_4.java
import java.awt.*;
import java.awt.event.*;
import javax.swing.*;
import javax.swing.border.TitledBorder;
class Example9_4 extends JFrame{
    //创建面板
    private JPanel panel1=new JPanel();
    private JPanel panel2=new JPanel();
    private JPanel panel3=new JPanel();
    private JPanel panel4=new JPanel();
    //创建单选按钮
    private JRadioButton jrb1=new JRadioButton("是",true);
    private JRadioButton jrb2=new JRadioButton("否");
    private ButtonGroup group=new ButtonGroup();
    //创建复选框
    private JCheckBox jcb1=new JCheckBox("Java",true);
    private JCheckBox jcb2=new JCheckBox("C#");
    private JCheckBox jcb3=new JCheckBox("Python");
    private JCheckBox jcb4=new JCheckBox("PHP");
    //创建下拉列表
    private String[] course={"2016级","2017级","2018级","2019级"};
    private JComboBox jcm=new JComboBox(course);
    private JButton jbutton=new JButton("提交信息");
    public Example9_4(){
        jbutton.setContentAreaFilled(false);      //设置按钮的背景为透明
        panel1.setLayout(new FlowLayout());
        panel1.add(jcb1);
        panel1.add(jcb2);
        panel1.add(jcb3);
        panel1.add(jcb4);
        panel1.setBorder(new TitledBorder("选择课程"));
        panel2.setLayout(new FlowLayout());
        group.add(jrb1);
        group.add(jrb2);
        panel2.add(jrb1);
        panel2.add(jrb2);
        panel2.setBorder(new TitledBorder("是否订教材"));
        panel3.setLayout(new FlowLayout());
        panel3.add(jcm);
        panel3.setBorder(new TitledBorder("年级"));
        panel4.setLayout(new FlowLayout(FlowLayout.CENTER));
```

```
    panel4.add(jbutton);
    setTitle("选课信息");
    setLayout(new BorderLayout());
    add(panel1,BorderLayout.NORTH);
    add(panel2,BorderLayout.WEST);
    add(panel3,BorderLayout.CENTER);
    add(panel4,BorderLayout.SOUTH);
    setSize(260,200);
    setResizable(false);
    setLocationRelativeTo(null);
    setDefaultCloseOperation(JFrame.DISPOSE_ON_CLOSE);
    setVisible(true);
    jbutton.addActionListener(new ActionListener() {
        public void actionPerformed(ActionEvent e) {
            String jc =null;
            if (jrb1.isSelected()) {
                jc = jrb1.getText();
            }
            else {
                jc = jrb2.getText();
            }
            String sc=new String();
            if(jcb1.isSelected()) sc+=jcb1.getText();
            if(jcb2.isSelected()) sc+=","+jcb2.getText();
            if(jcb3.isSelected()) sc+=","+jcb3.getText();
            if(jcb4.isSelected()) sc+=","+jcb4.getText();
            JOptionPane.showMessageDialog(null, "选择课程："+sc+"\n"+"是否订教材： "+jc+"\n"+
            "年级： "+jcm.getSelectedItem(), "你的个人信息", JOptionPane.PLAIN_MESSAGE);
        }
    });
    }
    public static void main(String[] args) {
        new Example9_4();
    }
}
```

运行结果如图 9-4 所示。

图 9-4　选课信息对话框

9.3.8　JList（列表）

在 Swing 中列表需要通过 JList 来实现，JList 类的构造方法如表 9-13 所示。

表 9-13　JList 类的构造方法及普通方法

方法	类型	说明
JList()	构造	创建一个列表，不包含任何选项
JList(Object[] listData)	构造	创建一个指定数组中的元素的列表
JList(Vector<?> listData)	构造	创建一个指定向量中的元素的列表
void setSelectedIndex(int index)	普通	选择指定索引的某个选项
boolean isSelectionEmpty()	普通	如果什么也没有选择，返回 true，否则返回 false
boolean isSelectedIndex(int index)	普通	如果选择了指定的索引，返回 true，否则返回 false

使用 JList 类创建一个列表框。

```
JFrame frame=new JFrame("列表");
JLabel label=new JLabel("城市名称");
String[] city={"北京","上海","杭州","苏州","南京"};
JList list=new JList(city);
```

上面的程序中，列表框中的内容都会被显示出来，如果在数组中再添加数据，而列表框大小不变的情况下，添加的数据将无法显示在列表框中。可以通过创建滚动面板，再将列表框添加到滚动面板中的方法可将更多的数据显示出来。如果想同时选择列表框中的多个项目，可以按住 Shift 键来进行操作。

9.3.9　JTable（表格）

JTable（表格）是 java.Swing 中的新增组件，将初始化的数据放到二维数组中，以表格的形式显示出来。JTable 类的构造方法如表 9-14 所示。

表 9-14　JTable 类的构造方法

方法	类型	说明
JTable()	构造	构造一个默认的表格，使用默认的数据模型、默认的列模型和默认的选择模型对其进行初始化
JTable(int numRows, int numColumns)	构造	构造具有 numRows 行和 numColumns 列个空单元格的表格
JTable(Object[][] rowData, Object[] columnNames)	构造	构造一个表格来显示二维数组 rowData 中的值，其列名为 columnNames

例 9-5　使用 JTable 类创建一个表格。

```
//Example9_5.java
import javax.swing.*;
public class Example9_5 {
    public static void main(String[] args) {
        JFrame frame = new JFrame(" 表格 ");
        //定义表格的列名数组
        String[] Column = { " 序号 ", " 课程名称 ", " 上课教师 ", " 课程性质 ", " 总学时 " };
        //定义表格的数据数组
        Object[][] Row = { { 1, "A1", " 李老师 ", " 考查 ", 56 }, { 2, "B2", " 张老师 ", " 考试 ", 48 },
            { 3, "C3", " 赵老师 ", " 考试 ", 96 } };
        JTable table = new JTable(Row, Column);
        //将表格添加到滚动面板中
        JScrollPane scr = new JScrollPane(table);
```

```
        frame.add(scr);
        frame.setSize(300, 130);
        frame.setLocationRelativeTo(null);
        frame.setDefaultCloseOperation(JFrame.DISPOSE_ON_CLOSE);
        frame.setVisible(true);
    }
}
```

运行结果如图 9-5 所示。

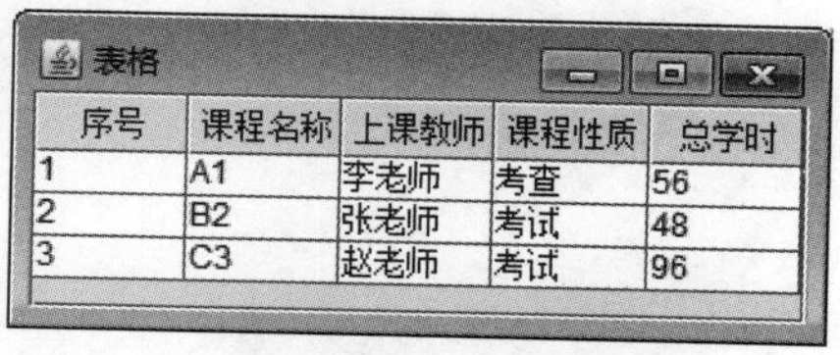

图 9-5　使用 JTable 类创建表格

在上面的程序中，将表格添加到一个滚动面板中，再将该滚动面板添加到窗体容器中。如果将滚动面板去掉，则表格中的列名将会消失，读者可以自行尝试。

9.3.10　JTree（树）

JTree（树）结构能够很直观地表现一组信息的所属关系，因此在计算机中得到了广泛的应用，如目录文件的存储结构都是树形的。JTree 类的构造方法如表 9-15 所示。

表 9-15　JTree 类的构造方法

方法	类型	说明
JTree (TreeModel newModel)	构造	返回 JTree 的一个实例，它显示根节点，使用指定的数据模型和创建树
JTree(TreeNode root)	构造	返回 JTree，指定的 TreeNode 作为其根，它显示根节点
JTree(Object[] value)	构造	返回 JTree，指定数组的每个元素作为不被显示的新根节点的子节点
JTree(Vector[?] value)	构造	返回 JTree，指定向量的每个元素作为不被显示的新根节点的子节点

TreeModel 是一个接口，可以使用 DefaultMutableTreeNode 类的对象来作为构造方法的参数，DefaultMutableTreeNode 类可以用来表示树形结构的节点，创建一棵树时首先要创建 DefaultMutableTreeNode 对象。

例 9-6　使用 JTree 类创建一棵树。

```
//Example9_6.java
import javax.swing.*;
import javax.swing.tree.DefaultMutableTreeNode;
public class Example9_6 {
    public static void main(String[] args) {
        JFrame frame = new JFrame(" 树 ");
        DefaultMutableTreeNode chin = new DefaultMutableTreeNode(" 中国 ");
        DefaultMutableTreeNode zhejiang = new DefaultMutableTreeNode(" 浙江 ");
        DefaultMutableTreeNode anhui = new DefaultMutableTreeNode(" 安徽 ");
        DefaultMutableTreeNode hangzhou = new DefaultMutableTreeNode(" 杭州 ");
        DefaultMutableTreeNode wuhu = new DefaultMutableTreeNode(" 芜湖 ");
        chin.add(zhejiang);
```

```
        chin.add(anhui);
        zhejiang.add(hangzhou);
        anhui.add(wuhu);
        JTree jt = new JTree(chin);
        frame.add(jt);
        frame.setSize(210, 160);
        frame.setLocationRelativeTo(null);
        frame.setDefaultCloseOperation(JFrame.DISPOSE_ON_CLOSE);
        frame.setVisible(true);
    }
}
```

运行结果如图 9-6 所示。

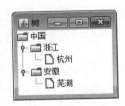

图 9-6　使用 JTree 类创建树

从上面的运行结果可以看出，树中有一个根节点为"中国"，"浙江"和"安徽"是根节点的子节点，其余的节点由于没有子节点，因此称为叶子节点。这里需要注意的是，在一棵树中，有且只有一个根节点。

9.3.11　JMenu（菜单）

JMenu（菜单）在应用程序和网页端都很常见。JMenu 类的构造方法如表 9-16 所示。

表 9-16　JMenu 类的构造方法

方法	类型	说明
JMenu()	构造	构造没有文本的新 JMenu
JMenu(Action a)	构造	构造一个从提供的 Action 获取其属性的菜单
JMenu(String s)	构造	构造一个新 JMenu，用提供的字符串作为其文本
JMenu(String s,boolen b)	构造	构造一个新 JMenu，用提供的字符串作为其文本并指定其是否为分离式（tear-off）菜单

例 9-7　使用 JMenu 类创建一个菜单。

```
//Example9_7.java
import java.awt.*;
import javax.swing.*;
public class Example9_7 {
    public static void main(String[] args) {
        JFrame frame = new JFrame(" 菜单 ");
        JMenuBar jb = new JMenuBar();
        JMenu jn1 = new JMenu(" 开始 ");
        JMenu jn2 = new JMenu(" 信息查询 ");
        JMenuItem jt1 = new JMenuItem(" 初始化 ");
        JMenuItem jt2 = new JMenuItem(" 课表查询 ");
        JMenuItem jt3 = new JMenuItem(" 成绩查询 ");
```

```
        jn1.add(jt1);
        jn2.add(jt2);
        jn2.add(jt3);
        jb.add(jn1);
        jb.add(jn2);
        frame.add(jb);
        frame.setLayout(new FlowLayout(FlowLayout.LEFT));
        frame.setSize(220, 140);
        frame.setLocationRelativeTo(null);
        frame.setDefaultCloseOperation(JFrame.DISPOSE_ON_CLOSE);
        frame.setVisible(true);
    }
}
```

运行结果如图 9-7 所示。

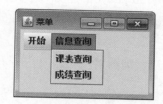

图 9-7　使用 JMenu 类创建菜单

9.4　布局管理器

　　一个容器中的组件按照什么样的方式排列（即容器中的组件如何摆放）是由布局管理类组件（布局管理器）负责的。布局管理器类实现了 LayoutManager 接口或 LayoutManager2 接口。

　　本节将介绍布局管理器中的 FlowLayout（流式布局）、BorderLayout（边界布局）、GridLayout（网格布局）、GridBagLayout（网格包布局）、CardLayout（卡片布局，所属类包是 Java.awt）、BoxLayout（箱式布局，所属类包是 Java.Swing）等管理器。

9.4.1　FlowLayout（流式布局）管理器

　　FlowLayout（流式布局）是一种简单的布局管理器，组件按照加入的先后顺序和设置的对齐方式从左向右排列，一行排满到下一行开始继续排列，继续遵循从左到右的方式排列剩下的组件。图 9-8 所示是 FlowLayout 布局管理器的布局示意图。

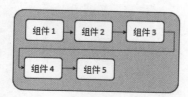

图 9-8　FlowLayout 布局管理器的布局示意图

　　FlowLayout 类是 JPanel 类默认的布局管理器，FlowLayout 类的构造方法及参数说明如表 9-17 所示。

表 9-17 FlowLayout 类的构造方法及参数说明

方法	类型	说明
FlowLayout()	构造	默认居中对齐，默认的水平和垂直间隙是 5 像素
FlowLayout(int align)	构造	指定对齐方式
FlowLayout(int align,int hgap,int vgap)	构造	指定对齐方式及水平和垂直间距
FlowLayout.LEFT 或 0	常量	控件左对齐
FlowLayout.CENTER 或 1	常量	控件居中对齐
FlowLayout.RIGHT 或 2	常量	控件右对齐
FlowLayout.LEADING 或 3	常量	控件与容器方向开始边对应
FlowLayout.TRAILING 或 4	常量	控件与容器方向结束边对应

与其他布局管理器不同的是，FlowLayout 不强行设定组件的大小，允许组件拥有自定义的尺寸。每个组件都有 getPreferredSize() 方法，容器的布局管理器会调用这一方法获取每个组件自定义的大小。

例 9-8 使用 FlowLayout 布局管理器对按钮组件进行布局。

```java
//Example9_8.java
import java.awt.*;
import javax.swing.*;
import javax.swing.border.TitledBorder;
public class Example9_8 {
    public static void main(String[] args) {
        JFrame frame = new JFrame(" 流式 ");
        FlowLayout flow = new FlowLayout(FlowLayout.LEFT);
        frame.setLayout(flow);
        for (int i = 1; i < 5; i++) {
            JLabel jl = new JLabel(" 组件 " + i);
            frame.add(jl);
            jl.setBorder(new TitledBorder("*" + i));
        }
        frame.setSize(220, 140);
        frame.setLocationRelativeTo(null);
        frame.setDefaultCloseOperation(JFrame.DISPOSE_ON_CLOSE);
        frame.setVisible(true);
    }
}
```

运行结果如图 9-9 所示。

图 9-9 FlowLayout 布局

9.4.2 BorderLayout（边界布局）管理器

在 BorderLayout（边界布局）管理器中，容器划分为东、西、南、北、中 5 个区域，每个区域只能放置一个组件。**BorderLayout** 类是 **JFrame** 类默认的布局管理器，其构造方法及参数说明如表 9-18 所示。

表 9-18　BorderLayout 类的构造方法及参数说明

方法	类型	说明
BorderLayout()	构造	默认居中对齐，组件之间没有间距
BorderLayout(int align)	构造	指定对齐方式，组件间距为默认值
BorderLayout(int align, int hgap,int vgap)	构造	指定对齐方式及水平和垂直间距
FlowLayout.CENTER	常量	中间
FlowLayout.EAST	常量	东边
FlowLayout.WEST	常量	西边
FlowLayout.SOUTH	常量	南边
FlowLayout.NORTH	常量	北边

例 9-9　使用 **BorderLayout** 布局管理器对按钮组件进行布局。

```java
//Example9_9.java
import java.awt.*;
import javax.swing.*;
public class Example9_9 {
    public static void main(String[] args) {
        JFrame frame=new JFrame(" 边界布局 ");
        frame.setLayout(new BorderLayout());
        frame.add(new JButton(" 东 "),BorderLayout.EAST);
        frame.add(new JButton(" 西 "),BorderLayout.WEST);
        frame.add(new JButton(" 南 "),BorderLayout.SOUTH);
        frame.add(new JButton(" 北 "),BorderLayout.NORTH);
        frame.add(new JButton(" 中 "),BorderLayout.CENTER);
        frame.setSize(240, 140);
        frame.setLocationRelativeTo(null);
        frame.setDefaultCloseOperation(JFrame.DISPOSE_ON_CLOSE);
        frame.setVisible(true);
    }
}
```

运行结果如图 9-10 所示。

图 9-10　BorderLayout 布局

在上面的运行结果中一共显示了 5 个组件，南、北位置的控件各占据一行，控件宽度将自动布满整行；东、西和中间位置占据一行。若东、西、南、北位置无控件，则中间控件将自动布满整个屏幕。若东、西、南、北位置中有位置没有控件，则中间位置控件将自动占据没有控件的位置。

如果希望在某个区域显示多个组件，可以先在该区域放置一个内部容器，比如 **JPanel**

组件，然后将所需要显示的多个组件放到 JPanel 中，再将 JPanel 放到指定的区域。通过内部容器的嵌套可以构造复杂的布局。

9.4.3　GridLayout（网格布局）管理器

GridLayout（网格布局）管理器将容器空间划分为 M 行 ×N 列的网格区域，然后按照从左到右、从上到下的顺序将组件添加到网格中，每个区域只能放置一个组件。组件放入容器的次序决定了它在容器中的位置。容器的大小改变时组件的相对位置不变，但大小会改变。若组件个数超过网格所设定的个数，则布局管理器会自动增加网格个数，原则是保持行数不变。组件放置次序如图 9-11 所示。

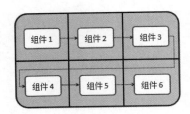

图 9-11　GridLayout 布局示意图

GridLayout 类的构造方法和普通方法说明如表 9-19 所示。

表 9-19　GridLayout 类的构造方法和普通方法

方法	类型	说明
GridLayout()	构造	只有一行的网格，网格的列数根据实际需要变化
GridLayout(int rows,int cols)	构造	设置行数（rows）和列数（cols）
GridLayout(int rows,int cols,int hgap,int vgap)	构造	设置行数、列数及水平和垂直间距
void setRows(int rows)	普通	设置布局中的行数
void setColumns(int clos)	普通	设置布局中的列数
void setHgap(int hgap)	普通	设置布局中组件之间的水平距离
void setVgap(int vgap)	普通	设置布局中组件之间的垂直距离

在 GridLayout(int rows,int cols,int hgap,int vgap) 构造方法中，rous 和 cols 可以为 0（大小根据实际需要变动），但是不可同时为 0。网格每列的宽度都是相同的，网格每行的高度也是相同的。组件被放入容器的次序决定位置，从左至右依次填充，一行用完后转入下一行。留白可以添加一个空白标签。

现使用 GridLayout 布局管理器对按钮组件进行网格布局，以下是部分代码。

```
JFrame frame=new JFrame("GridLayout");
frame.setLayout(new GridLayout(2,2,2,2));
for(int i=0;i<5;i++){frame.add(new JButton("按钮"+i));}
```

9.4.4　GridBagLayout（网格包布局）管理器

相比于 GridLayout（网格布局）管理器，GridBagLayout（网格包布局）管理器提供了更为复杂的功能，组件仍然是按照行、列放置，但是每个组件可以占据多个网格。GridBagLayout 需要借助 GridBagConstraints 才能达到设置的效果。相应的构造方法和参数如表 9-20 所示。

表 9-20 GridBagLayout 类的构造方法及参数说明

方法或参数	类型	说明
GridBagLayout()	构造	创建网格包布局管理器
GridBagConstraints()	构造	创建一个 GridBagConstraint 对象，将其所有字段都设置为默认值
GridBagConstraints(int gridx,int gridy,int gridwidth,int gridheight,double weightx,double weighty,int anchor,int fill,Insets insets,int ipadx,int spady)	构造	创建一个 GridBagConstraint 对象，将其所有字段都设置为传入参数
int anchor	参数	指定组件在区域中放置的位置
int fill	参数	指定组件的填充方式
int gridheight	参数	指定组件的高度，单位为网格个数
int gridwidth	参数	指定组件的宽度，单位为网格个数
int gridx	参数	指定组件的横向坐标，单位为网格个数
int gridy	参数	指定组件的纵向坐标，单位为网格个数
Insets insets	参数	指定组件与区域的间隔大小
double weightx	参数	指定如何分布额外的水平空间
double weighty	参数	指定如何分布额外的垂直空间

GridBagLayout
布局管理器

9.4.5 CardLayout（卡片布局）管理器

在 CardLayout（卡片布局）管理器中，将容器中的每个组件都处理成一系列的卡片，每一时刻只显示其中的一张。显示规则为先进先显示。卡片的顺序由组件对象本身在容器内部的顺序所决定。CardLayout 类的构造方法和普通方法如表 9-21 所示。

表 9-21 CardLayout 类的构造方法和普通方法

方法	类型	说明
CardLayout()	构造	默认，无间距
CardLayout(int hgap,int vgap)	构造	指定水平间距，指定垂直间距
void first(Container parent)	普通	翻转到容器的第一张
void last(Container parent)	普通	翻转到容器的最后一张
void next(Container parent)	普通	翻转到容器的下一张，到底则翻首张
void previous(Container parent)	普通	翻转到容器的上一张，到头则翻末张
void show(Container parent, String name)	普通	翻转已添加的指定 name 卡片，不存在则没有反应

例 9-10 使用 CardLayout 布局管理器对标签组件进行布局。

```java
//Example9_10.java
import java.awt.*;
import java.awt.event.*;
import javax.swing.*;
public class Example9_10 extends JFrame{
    private Panel pn1;
    private Panel pn2;
```

```
private CardLayout cad;
private JButton jb1;
private JButton jb2;
Example9_10() {
  pn1=new Panel();
  pn2=new Panel();
  cad=new CardLayout();
  jb1=new JButton("上一张");
  jb2=new JButton("下一张");
  jb1.addActionListener(new ActionListener(){
    public void actionPerformed(ActionEvent e){
      cad.previous(pn1);
    }
  });
  jb2.addActionListener(new ActionListener(){
    public void actionPerformed(ActionEvent e){
      cad.next(pn1);
    }
  });
  pn1.setLayout(cad);
  for(int i=1;i<4;i++){
    Icon icon=new ImageIcon("src/images/pic"+i+".jpg");
    JLabel la=new JLabel(icon);
    pn1.add(la); }
  pn2.setLayout(new FlowLayout());
  pn2.add(jb1);
  pn2.add(jb2);
  init();
}
private void init(){
  this.setTitle("MyCard");
  this.setLayout(null);
  this.add(pn1);
  this.add(pn2);
  pn1.setBounds(10,10,100,100);
  pn2.setBounds(120,10,90,90);
  this.setSize(260,150);
  this.setLocationRelativeTo(null);
  this.setDefaultCloseOperation(JFrame.DISPOSE_ON_CLOSE);
  this.setVisible(true); }
public static void main(String args[]){
  new Example9_10();
}
}
```

运行结果如图 9-12 所示。

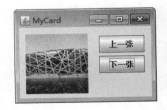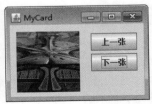

图 9-12 CardLayout 布局

上面的程序中，为了达到一次只能显示一个组件的目的加入了事件监听，单击相应的按钮图片就会变成下一个或上一个，从而实现一次只能显示一个组件的效果。

9.4.6　BoxLayout（箱式布局）管理器

BoxLayout（箱式布局）管理器可以在垂直和水平两个方向上添加组件，是 Swing 中新增的布局管理器。BoxLayout 类的构造方法和普通方法如表 9-22 所示。

表 9-22　BoxLayout 类的构造方法和普通方法

方法	类型	说明
BoxLayout(Container target, int axis)	构造	容器对象参数 target 指定要应用布局的容器，axis 设置按水平方向排列（BoxLayout.X_AXIS）或按垂直方向排列（BoxLayout.Y_AXIS）
createHorizontalBox()	普通	创建一个 Box 容器，其中的组件水平排列
createVerticalBox()	普通	创建一个 Box 容器，其中的组件垂直排列
createHorizontalGlue()	普通	创建一条水平 Glue，可以在两个方向同时拉伸的间距
createVerticalGlue()	普通	创建一条垂直 Glue，可以在两个方向同时拉伸的间距
createHorizontalStrut(int width)	普通	创建一条指定宽度的水平 Strut，可以在垂直方向上拉伸的间距
createVerticalStrut(int height)	普通	创建一条指定高度的垂直 Strut，可以在水平方向上拉伸的间距
createRigidArea(Dimension d)	普通	创建指定宽度、高度的 RigidArea，不可以拉伸的间距

9.4.7　空布局

我们有时并不想使用布局管理器来设置容器中的组件位置，此时可以调用容器的 setLayout(null) 方法将布局管理器设置为空，再调用 setBounds(int x, int y, int width, int height) 设置组件的大小和位置。

```
public void setBounds(int x,int y,int width,int height)
```

其中，x 和 y 表示组件距离屏幕左面和右面的距离，width 和 height 分别表示组件的宽度和高度。

例 9-11　使用 setBounds 对组件进行布局。

```
//Example9_11.java
import javax.swing.*;
public class Example9_11 {
  public static void main(String[] args) {
    JFrame frame = new JFrame("null");
    frame.setLayout(null);
    JButton button1 = new JButton("1");
    JTextField jt = new JTextField("a");
    button1.setBounds(10, 10, 45, 45);
    jt.setBounds(80, 40, 30, 30);
    frame.add(button1);
    frame.add(jt);
    frame.setSize(210, 130);
    frame.setLocationRelativeTo(null);
    frame.setDefaultCloseOperation(JFrame.DISPOSE_ON_CLOSE);
    frame.setVisible(true);
  }
}
```

BoxLayout
布局管理器

运行结果如图 9-13 所示。

图 9-13　空布局

9.5　交互式 GUI 程序的设计

在 GUI 程序设计中，一个程序不但要有丰富多彩的外观，而且要能响应用户的各种操作，即程序要有与用户进行交互的功能。所谓"交互"，就是用户对图形界面中的某个组件进行了操作（如对"退出"按钮进行了单击），程序就要根据接收到的用户操作进行相应的操作，然后将操作结果返回给用户。

9.5.1　事件处理概念与事件处理过程

1.　与事件处理有关的几个概念

（1）事件与事件源。用户在对应用程序界面中的组件进行操作时就会产生事件（Event）。例如，单击一个按钮，就会产生一个动作事件（ActionEvent）；对窗口进行缩放或关闭操作，就会产生一个窗口事件（WindowEvent）；对键盘进行操作，就会产生对应的键盘事件（KeyEvent）。

事件源是指事件的来源对象，即事件发生的场所，通常就是各个组件。例如，单击一个按钮时，这个按钮就是事件源；操作窗口时，窗口就是事件源。

在 Java 语言中"一切皆对象"，事件也不例外。当事件源产生事件后，与该事件有关的信息（如事件源、事件类型等）就会被系统封装在一个事件对象中，在处理这个事件的程序中如有需要，就可以取出有关信息。

（2）监听器。事件源产生事件后，就要有相应的处理者来接收事件对象，并对其进行处理。事件的处理者要时刻监听是否有事件产生，如果监听到有事件产生，就会自动调用相应的事件处理程序进行事件处理。正因为如此，一般把事件的处理者称为事件监听器。

那么，事件源与事件监听者之间是如何建立联系的呢？事件源与事件监听者之间建立联系的过程非常简单，每个事件源都可以使用形如 addXXXListener 的方法注册监听者，格式如下：

事件源.addXXXListener(监听者);

根据实际情况，一个事件源可以注册一个或多个监听器。

为了帮助读者理解这些概念，我们可以举一个日常生活中的例子加以说明。比如有一位歌手，这位歌手授权李律师处理他（她）可能会发生的一些法律纠纷,授权张先生作为他（她）的经纪人来处理各种演出事务，这个"授权"就相当于李律师和张先生在歌手这里"注册"，他们要"监听"这位歌手的活动。一旦发生了法律纠纷，李律师就要马上去处理；一旦有演出事务，张先生就要马上去处理。如果对应到上述的概念中，歌手就是事件源，歌手产生的法律纠纷和演出事务就是事件，李律师和张先生是两个事件处理者（监听器）。

2. 事件处理机制

在 Java 程序中，当某事件发生时，产生事件的事件源会把事件委托给事件监听器进行处理。因此，一次事件处理过程会涉及 3 个对象：事件源对象、事件对象和监听器对象。

3. 事件与事件处理接口

在 Java 语言中，已经定义好了事件源可能产生的事件及对应的事件监听器，它们位于 java.awt.event 包和 javax.swing.event 包中。事件监听器属于某个类的一个实例，这个类如果要处理某种类型的事件，就必须实现与该事件类型相对应的接口。例如，对 JButton 组件进行单击，就会产生 ActionEvent 事件，与 ActionEvent 事件对应的事件监听器接口为 ActionListener。如果用户定义的一个名叫 ButtonHandler 的类实现了 ActionListener 接口，则 ButtonHandler 类的一个实例就可以用 addActionListener 方法注册到 Button 组件中。如果某个事件源产生的事件为 XXXEvent，则其相应的处理接口为 XXXListener，监听器注册到事件源的方法为 addXXXListener。

表 9-23 所示是每种事件类的接口的描述。

表 9-23　常用事件及相应的监听器接口

事件类别	描述信息	接口名	方法	说明
ActionEvent	激活组件	ActionListener	actionPerformed(ActionEvent)	按钮、文本框、菜单项等组件被单击时触发
ItemEvent	选择了某些项目	ItemListener	itemStateChanged(ItemEvent)	某项被选中或取消选中时触发
MouseEvent	鼠标移动	MouseMotion-Listener	mouseDragged(MouseEvent)	在某个组件上移动鼠标且按下鼠标键时触发
			mouseMoved(MouseEvent)	在某个组件上移动鼠标且没有按下鼠标键时触发
MouseEvent	鼠标单击等	MouseListener	mouseClicked(MouseEvent e)	当鼠标在该区域单击时发生
			mouseEntered(MouseEvent e)	当鼠标进入该区域时发生
			mouseExited(MouseEvent e)	当鼠标离开该区域时发生
			mousePressed(MouseEvent e)	当鼠标在该区域按下时发生
			mouseReleased(MouseEvent e)	当鼠标在该区域放开时发生
KeyEvent	键盘输入	KeyListener	keyTyped(KeyEvent e)	当按下键盘的某个键，然后又释放时调用
			keyPressed(KeyEvent e)	当键盘中的某个键被按下时调用
			keyReleased(KeyEvent e)	当释放键盘的某个键时调用
FocusEvent	组件收到或失去焦点	FocusListener	focusGained(FocusEvent)	获得焦点时发生
			focusLost(FocusEvent)	失去焦点时发生
Window-Event	窗口收到窗口级事件	Window-Listener	windowActivated(WindowEvent e)	窗口变为活动窗口时触发
			windowDeactivated(WindowEvent e)	窗口变为不活动状态时触发
			windowClosed(WindowEvent e)	窗口关闭后触发
			windowClosing(WindowEvent e)	窗口关闭时触发
			windowIconified(WindowEvent e)	窗口最小化时触发

续表

事件类别	描述信息	接口名	方法	说明
Window-Event	窗口收到窗口级事件	Window-Listener	windowDeiconified(WindowEvent e)	窗口从最小化恢复到正常状态时触发
			windowOpened(WindowEvent e)	窗口第一次打开时触发

9.5.2　匿名内部类与事件适配器

在编写事件处理程序时，为了简化程序，经常使用内部类和匿名类。

内部类是被包含在另一个类中的类，内部类中的方法可以访问外部类的成员方法（包括私有成员）和变量，匿名类可以理解为没有名字的内部类。

如果一个内部类继承了一个父类或实现一个接口，并且只被调用一次，此时便可以使用匿名类。可以使用如下格式创建一个匿名类：

```
new 父类名或要实现的接口名(){
//重写父类或接口中的方法 }
```

匿名类常用于事件处理中，通过重写父类的方法来实现自己的功能，比如重写接口 WindowListener 的 windowClosed 方法。一个事件处理程序中，匿名类如果只被调用一次，那么可以使用以下类似格式给事件源注册事件监听者：

```
事件源.addXXXListener(new XXXListener() {
   事件处理代码 });
```

例 9-12　使用匿名内部类实现事件处理。

```java
//Example9_12.java
import java.awt.*;
import java.awt.event.*;
import javax.swing.*;
public class Example9_12 extends JFrame{
    private JTextField txtNum;
    private JButton btnClick;
    private int num;
    public Example9_12(String title) {
        this.setTitle(title);
        this.setBounds(100, 100, 240, 100);
        this.setLayout(new FlowLayout());
        txtNum=new JTextField(10);
        btnClick=new JButton("单击");
        this.add(txtNum);
        this.add(btnClick);
        btnClick.addActionListener(new ActionListener() {
            public void actionPerformed(ActionEvent e) {
                num+=1;
                txtNum.setText("单击了"+num+"次");
            }
        });
        this.addWindowListener(new WindowAdapter() {
            public void windowClosing(WindowEvent e) {
                System.exit(1);
            }
        });
        this.setLocationRelativeTo(null);
```

```
        this.setDefaultCloseOperation(JFrame.DISPOSE_ON_CLOSE);
        this.setVisible(true);
    }
    public static void main(String[] args) {
        new Example9_12("事件处理实例");
    }
}
```

运行结果如图 9-14 所示。

图 9-14　使用匿名类实现事件处理

在窗口事件的程序中，有时仅仅执行一个方法，比如最常用的就是窗口的关闭，所以没有必要将窗口中所有的方法都实现。因此，在事件中提供了很多适配器（EventAdapter）。

Java.awt.event 包中定义了以下几种适配器：ComponentAdapter 组件适配器、ContainerAdapter 容器适配器、FocusAdapter 焦点适配器、KeyAdapter 键盘适配器、MouseAdapter 鼠标适配器、MouseMotionAdapter 鼠标运动适配器、WindowAdapter 窗口适配器。

例如，在处理鼠标事件时，如果程序中只需要 mouseClicked 方法，则使用鼠标适配器可以写成：

```
public class MouseClickHandler extends MouseAdaper{
    public void mouseClicked(MouseEvent e){
        //敲击鼠标时的操作
    }
}
```

这样，可以大大简化程序的书写。事件适配器为我们提供了一种简单的实现监听器的手段，可以缩短程序代码。但是要注意，由于 Java 语言只支持单一继承机制，因此，当定义的类已有父类时，就不能使用适配器了，只能用 implements 实现对应的接口。

9.6　WindowBuilder 插件

为了方便可视化图形界面的开发，Eclipse 提供了 Swing Designer 图形化功能插件，通过拖放组件等来完成窗口的布局，大大减少了用户自己编写代码这部分工作量。此外，也可以自己设置布局管理，从下拉列表中添加事件监听器。下面简单介绍利用该插件如何进行图形界面的开发。

（1）打开 Eclipse，选择 File → New → Other 命令，弹出 New 对话框，在 Select a wizard/WindowBuilder/Swing Designer 路径下展开可供选择的容器。

（2）选择一种常用的容器，比如 JFrame，单击 Next 按钮，在弹出的对话框中输入文件名，如 MyFirstfra，单击 Finish 按钮。同时，在项目下会生成一个 MyFirstfra.java 文件，在代码框 Source 中自动生成源代码。单击代码框 Source 右侧的 Design，便会出现相应的设计界面，其中包含 Structure、Palette 和 JFrame 界面 3 个部分。

（3）在 JFrame 界面上右击，在弹出的快捷菜单中选择 Set Layout，在展开的选项中选择相应的布局方式，如 Absolute Layout、FlowLayout 等，也可以直接从 Palette 中选择 Layouts 来完成布局的设置。

GUI 插件

（4）在 Palette → Components 中，选择相应的组件拖放到 JFrame 中合适的位置并命名。同时查看代码框 Source，便可以看见自动生成的源代码。

（5）选择添加好的组件并右击，在弹出的快捷菜单中选择 Add event handler，则会出现一系列事件监听器，比如选中 action，单击方法 action-Performed，将自动生成代码，然后在 actionPerformed() 方法中将代码补充完整即可，其他容器、组件、布局和事件的设置与此例的步骤类似。

本章小结

本章内容是图形界面的核心内容，主要介绍了 AWT 和 Swing 的概念、容器类、基本组件和高级组件的用法。在此基础上，又讲解了布局管理器和事件处理等知识，还介绍了可视化插件 WindowBuilder 的使用。本章重点对是容器类、常用组件、布局管理器的理解和运用，难点是对事件处理的理解和掌握。

练习 9

一、简答题

1. 什么是 GUI？ AWT 与 Swing 有哪些区别？
2. 常见的容器有哪些？
3. 常见的布局管理器有哪几种？
4. 简述事件处理机制。

二、编程题

1. 编写一个用户界面：创建两个文本区域，分别用于"输入学生学号"和"显示学生成绩"；创建一个按钮，用于"查询成绩"。

2. 为第 1 题添加事件处理功能。要求在第一个文本区域内输入学号，单击"查询"按钮后相应学生的成绩将显示在第二个文本区域内。

项目拓展

项目名称：设计一个计算器。

具体需求：界面主要包括 10 个数字（0～9）按钮、加减乘除 4 个按钮、小数点按钮、等号和清空按钮以及能够输入数据和显示结果的文本框，该计算器能够实现整数或小数的加减乘除运算。

参考程序：

```java
//TestCompu.java
import java.awt.*;
import java.awt.event.*;
import java.math.BigDecimal;
import javax.swing.*;
public class TestCompu extends JFrame{
    private final String[] s= { "0","1","2","3","4","5","6","7","8","9","+","-","*", "/",".","="};
    private JPanel jp=new JPanel();
```

```java
    private JPanel jp1=new JPanel();
    private JTextField jt=new JTextField(20);
    private JButton jb=new JButton("CE");
    private JButton[] button=new JButton[s.length];
    public TestCompu(String title){
       super(title);
       jp.setLayout(new GridLayout(4,4,5,5));
       jt.setEditable(false);
       jt.setBorder(BorderFactory.createLineBorder(Color.gray));
       jt.setBackground(Color.WHITE);
       jt.setFont(new Font("Serif",0,16));
       jt.setPreferredSize(new Dimension(200,35));
       jp1.add(jt);
       jp1.add(jb);
       jt.setHorizontalAlignment(JTextField.RIGHT);
       for(int i=0;i<s.length;i++){
          button[i]=new JButton(s[i]);
          jp.add(button[i]);}
          this.add(jp1,BorderLayout.NORTH);
          this.add(jp, BorderLayout.CENTER);
          jb.addActionListener(new ActionListener() {
             public void actionPerformed(ActionEvent e) {
                jt.setText(" ");
             }
       });
       for(int i=0;i<s.length;i++)
          button[i].addActionListener(new ActionListener() {
             public void actionPerformed(ActionEvent e) {
                String name= e.getActionCommand();
                if ("0123456789.".indexOf(name)>=0)
                   handleNumber(name);
                else
                   handleOperator(name);
             }
          });
    }
    boolean numflag = true;
    public void handleNumber(String num) {
       if (numflag)
          jt.setText(num);
       else if ((num.equals(".")) && (jt.getText().indexOf(".") <0)) {
          jt.setText(jt.getText() + "."); }
       else if (!num.equals("."))
          jt.setText(jt.getText() + num);
       numflag = false;
    }
    BigDecimal result;
    String operator = "=";
    BigDecimal b;
    public void handleOperator(String opr) {
       if (operator.equals("+")) {
          b=new BigDecimal(jt.getText());
          jt.setText(String.valueOf(b.add(result)));
          result=new BigDecimal(jt.getText());
       }else if (operator.equals("-")) {
          b=new BigDecimal(jt.getText());
```

```
        jt.setText(String.valueOf(result.subtract(b)));
        result=new BigDecimal(jt.getText());
    }else if (operator.equals("*")) {
        b=new BigDecimal(jt.getText());
        jt.setText(String.valueOf(b.multiply(result)));
        result=new BigDecimal(jt.getText());
    }else if (operator.equals("/")){
        if(jt.getText().equals("0")) {
            jt.setText("除数不能为0");
        }else {
            b=new BigDecimal(jt.getText());
            BigDecimal[] c= result.divideAndRemainder(b);
            if(c[1].compareTo(new BigDecimal(0))==0) {
                jt.setText(String.valueOf(c[0]));
                result=new BigDecimal(jt.getText());
            }
            else{
                jt.setText(String.valueOf(result.divide(b,4,BigDecimal.ROUND_HALF_UP)));
                result=new BigDecimal(jt.getText());
            }
        }
    }else if (operator.equals("=")) {
        result =new BigDecimal(jt.getText());
        jt.setText(String.valueOf(result));
    }
    operator = opr;
    numflag = true;
}
public static void main(String[] args) {
    TestCompu tc=new TestCompu("计算器示例");
    tc.setSize(300, 250);
    tc.setDefaultCloseOperation(JFrame.EXIT_ON_CLOSE);
    tc.setLocationRelativeTo(null);
    tc.setVisible(true);
}
}
```

运行结果如图 9-15 所示。

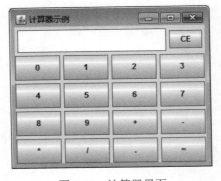

图 9-15   计算器界面

第 10 章　MySQL 数据库与 JDBC 编程

　　信息管理类应用软件都会使用到很多数据，这些数据往往保存在后台数据库中。JDBC 技术是连接数据库与应用程序的纽带，也是一套基于 Java 技术的数据库编程接口，由一些操作数据库的 Java 类和接口组成。使用 JDBC 技术访问数据库可以实现对数据的增删改查功能。使用 JDBC 编写访问数据库的程序可以实现应用程序与数据库的无关性，即无论系统使用的是什么数据库管理系统，只要数据库厂商提供该数据库的 JDBC 驱动程序，就可以在任一种数据库系统中使用。

　　MySQL 是一种开放源代码的关系型数据库管理系统，具有运行速度快、成本低、容易使用、适用多平台、适用多用户等优势。

　　本章将介绍 JDBC 的概念、工作原理和在 Java 程序中访问 MySQL 数据库的方法。

本章要点

- ♀　MySQL 数据库的基础知识。
- ♀　JDBC 技术的概念。
- ♀　JDBC 访问数据库的过程。
- ♀　JDBC API 中常用的类和接口。

10.1　安装和配置 MySQL 数据库

　　本章以 MySQL 作为数据库服务器。MySQL 是一种开放源代码的关系型数据库管理系统，具有运行速度快、成本低、容易使用、适用多平台、适用多用户等优势。MySQL 可以从官网（http://dev.mysql.com/downloads/mysql/）下载，在其中可选择适当的版本进行安装。

配置 JDBC 环境

　　MySQL 有一个初始用户 root，在安装时，要求为 root 设置口令，假设口令为 "0000"。在 MySQL 服务器上创建一个 XK 数据库，数据库中包含表 student（学生表）。创建数据库和表的 SQL 语句如下：

```
drop database if exists XK;
create database XK;
use XK;
drop table if exists student;
create table student(
    stuNo char(10) primary key,
    stuName varchar(20) not null,
```

MySQL 常用命令

```
    stuPwd varchar(20),
    stuDept char(2),
    stuClass varchar(10) );
```

本章访问数据库的例子都以用户 root 的身份访问 XK 数据库。

10.2　使用 JDBC 访问数据库

本节介绍 JDBC 的概念以及使用 JDBC 访问数据库的基本知识。

10.2.1　JDBC 的概念

JDBC 原本是一个商标名，但人们往往认为 JDBC 是 Java Data Base Connectivity（Java 数据库连接）的英文缩写。JDBC 提供一组用 Java 编写的类和接口，这些类和接口主要位于 java.sql 包中（之后扩展的内容位于 javax.sql 包中），它们完成与数据库有关的各种操作。简单地说，JDBC 就是 Java 用于访问数据库的 API，是 Java 与数据库进行连接的桥梁或者插件，用 Java 代码就能操作数据库的数据、存储过程、事务等。

使用 JDBC 可以访问多种数据库，如 MySQL 数据库、SQL Server 数据库、Oracle 数据库、Informax 数据库等。

10.2.2　使用 JDBC 访问数据库的步骤

Java 程序连接数据库建议使用以下 5 个步骤：

（1）加载（注册）数据库。

（2）建立连接。

（3）执行 SQL 语句。

（4）处理结果集。

（5）关闭数据库。

访问数据库的关键代码段如下：

```
//加载（注册）数据库
Class.forName("com.mysql.jdbc.Driver");    //加载
java.sql.DriverManager.registerDriver(new com.mysql.jdbc.Driver());    //注册，可省略
//建立连接
String url="jdbc:mysql://localhost:3306/xk";
String user="root";
String pwd="0000";
Connection conn=DriverManager.getConnection(url,user,pwd);
//执行SQL语句
Statement stmt=conn.createStatement();
ResultSet rs= stmt.executeQuery("select * from student");    //执行查询语句
//处理结果集
while(rs.next()){ //显示结果集中的前3列
    System.out.print(rs.getString(1));
    System.out.print(rs.getString(2));
    System.out.println(rs.getString(3));
}
//关闭数据库
```

```
rs.close();
stmt.close();
conn.close();
```

以上代码段涉及了 JDBC API 中的主要类和接口，接下来就来介绍 JDBC API 中的接口和类及其在连接访问数据库中的基本用法，使读者清楚上述代码段中每一句的作用。

10.2.3　JDBC API 简介

JDBC API 提供的主要接口和类有以下几个：

- Driver 接口：驱动器。
- DriverManager 类：驱动管理器。
- Connection 接口：表示数据库连接。
- Statement 接口：负责执行 SQL 语句。
- PreparedStatement 接口：负责执行预准备的 SQL 语句。
- CallableStatement 接口：负责执行 SQL 存储过程。
- ResultSet 接口：表示 SQL 查询语句返回的结果集。

java.sql 包中主要的类
与接口的类框图

1．Driver 接口与 DriverManager 类

所有 JDBC 驱动器都必须实现 Driver 接口。在编写访问数据库的 Java 程序时，必须把特定数据库的 JDBC 驱动器的类库加入到 classpath 中。JDBC 驱动器由数据库厂商或第三方提供。

DriverManager 类用来建立与数据库的连接和管理 JDBC 驱动器。DriverManager 类的主要方法如表 10-1 所示。

表 10-1　DriverManager 类的常用方法

方法	说明
registerDriver(Driver driver)	在 DriverManager 中注册 JDBC 驱动器
getConnection(String url,String user,String pwd)	建立与数据库的连接，并返回标识数据库连接的 Connection 对象

在 10.2.2 小节的代码段中，Class.forName("com.mysql.jdbc.Driver") 通过 java.lang 包中的静态方法 forName() 加载 MySQL 的 JDBC 驱动器。对于 MySQL 的驱动器来说，当被加载时，能自动创建本身的实例，然后调用 DriverManager.registerDriver() 方法注册自身。所以，在 Java 应用程序中，只要通过 Class.forName() 方法加载了 MySQL Driver 类即可，不必注册 MySQL 的驱动器，也就是可以省略 java.sql.DriverManager.registerDriver(new com.mysql.jdbc.Driver()) 这行代码。

2．Connection 接口

Java.sql.Connection 接口用于建立与数据库的连接，在给数据库装入驱动程序后，可以通过 DriverManager.getConnection() 方法获得本接口的实例。Connection 接口的主要方法如表 10-2 所示。

在 10.2.2 小节的代码段中，以下几行语句建立了与 MySQL 数据库的连接。

```
//建立连接
String url="jdbc:mysql://localhost:3306/xk";
String user="root";
```

```
String pwd="0000";
Connection conn=DriverManager.getConnection(url,user,pwd);
```

表 10-2　Connection 接口的常用方法

方法	说明
createStatement()	创建执行 SQL 语句的 Statement 对象
prepareStatement(String sql)	创建执行预编译 SQL 语句的 PreparedStatement 对象
prepareCall(String sql)	创建执行存储过程的 CallableStatement 对象
close()	立即释放对数据库的连接

3. Statement 接口

在建立了和数据库的连接后，Statement 接口的对象可以向数据库发送 SQL 语句。Statement 接口的对象由 Connection 对象的 createStatement() 方法产生。

Statement 接口的主要方法如表 10-3 所示。

表 10-3　Statement 接口的常用方法

方法	说明
execute(String sql)	执行各种 SQL 语句，返回布尔值。如果执行的 SQL 语句有查询结果，则返回 true，并且可以接收
executeQuery(String sql)	执行查询语句，返回的结果集保存在 ResultSet 对象中
executeUpdate(String sql)	执行更新语句，返回整数，表示受影响的数据行的数目
close()	立即释放占用的数据库和 JDBC 资源

在 10.2.2 小节的代码段中，如下两行语句创建了 Statement 接口的对象 stmt，并且执行了 SQL 语句 "select * from student"，查询结果保存在 ResultSet 对象 rs 中。

```
//执行SQL语句
State ment stmt=conn.createStatement();
ResultSet rs= stmt.executeQuery("select * from student"); //执行查询语句
```

例 10-1　使用 executeUpdate(String sql) 方法实现向 XK 数据库的 student 表中插入一行数据的功能。

```
//****************************************
//例10.1程序名：Example10_1.java
//第10章10.2.3 使用JDBC更新数据
//功能：向student表中插入一行数据
//****************************************
import java.sql.*;//引入sql包
public class Example10_1 {
    public static void main(String[] args) {
        //声明JDBC驱动程序类型
        String JDriver = "com.mysql.jdbc.Driver";
        String user = "root";
        String pwd = "0000";
        //定义JDBC的url对象
        String url = "jdbc:mysql://localhost:3306/xk?useUnicode=true&characterEncoding=utf-8";
        try {
            //加载JDBC驱动程序
```

```
        Class.forName(JDriver);
    } catch (java.lang.ClassNotFoundException e) {
        System.out.println("无法加载JDBC驱动程序。" + e.getMessage());
    }
    Connection con = null;        //创建连接
    Statement s = null;           //声明Statement的对象
    try {
        //连接数据库URL
        con = DriverManager.getConnection(url, user, pwd);
        //实例化Statement类对象
        s = con.createStatement();
        //使用SQL命令insert向表中插入一行数据
        String r1 = "insert into student values('1008501','张三','123456','01','软工1702')";
        s.executeUpdate(r1);
        System.out.println("插入数据成功！");
    } catch (SQLException e) {
        System.out.println("SQLException:" + e.getMessage());
    } finally {
        try {
            if (s != null) {
                s.close();
                s = null;
            }
            if (con != null) {
                con.close(); //关闭与数据库的连接
                con = null;
            }
        } catch (SQLException e) {
            e.printStackTrace();
        }
    }
}
}
```

4. PreparedStatement 接口

PreparedStatement 接口继承了 Statement 接口，用来执行预准备的 SQL 语句。
PreparedStatement 接口的主要方法如表 10-4 所示。

表 10-4　PreparedStatement 接口的常用方法

方法	说明
setInt(int index, int k)	将 index 位置的参数设置为 int 值 k
setFloat(int index, float f)	将 index 位置的参数设置为 float 值 f
setLong(int index, long l)	将 index 位置的参数设置为 long 值 l
setDouble(int index, double d)	将 index 位置的参数设置为 double 值 d
setBoolean(int index, boolean b)	将 index 位置的参数设置为 boolean 值 b
setDate(int index, date dt)	将 index 位置的参数设置为 date 值 dt
setString(int index, String s)	将 index 位置的参数设置为 String 值 s

续表

方法	说明
setNull(int index, int sqlType)	将 index 位置的参数设置为 SQL NULL
executeQuery()	执行查询操作并返回查询的结果集
executeUpdate()	执行更新操作
clearParmeters()	清除当前所有参数的值

使用 PreparedStatement 接口的对象执行 SQL 语句：

```
//预准备SQL语句，"？"代表参数
PreparedStatement ps =con.prepareStatement("insert into student values(?,?,?,?,?)");
ps.setString(1,"1008502");          //替换SQL语句中的第一个"？"
ps.setString(2,"丁丽");
ps.setString(3,"111111");
ps.setInt(4,"01");
ps.setString(5,"软工01");          //替换SQL语句中的第五个"？"
ps.executeUpdate();               //执行参数已赋值的insert语句
```

在一条 SQL 语句需要被多次执行的情况下，使用 PreparedStatement 对象执行 SQL 语句要比 Statement 对象效率高。因为 PreparedStatement 对象发出的 SQL 语句被数据库编译一次，然后就可以多次执行；而每次用 Statement 对象执行 SQL 语句，数据库都要对该 SQL 语句进行编译。

5. CallableStatement 接口

CallableStatement 接口是 PreparedStatement 接口的子接口，因此它继承了 PreparedStatement 接口和 Statement 接口的所有功能。该接口的对象提供了一种调用存储过程的方法，语法如下：

```
CallableStatement 对象名=con.prepareCall("{call 存储过程名[(?,?,...)]}");
```

中括号表示其中的内容是可选项，存储过程可以不带参数也可以带多个参数。

例如，使用 CallableStatement 对象调用一个不带参数的存储过程的代码段如下：

```
//调用存储过程stu_info
//存储过程的创建语句：create proc stu_info begin select * from student end
cstm = con.prepareCall("{call stu_info}");
ResultSet rs=cstm.executeQuery();
```

6. ResultSet 接口

ResultSet 接口类似于一个临时表，暂时存放 select 查询语句得到的结果集，结果集中记录的行号从 1 开始。ResultSet 对象具有指向当前记录行的指针，指针的开始位置在第 1 行之前，通过调用 ResultSet 对象的 next() 方法可以将当前记录移到下一条记录。而且，通过调用 ResultSet 对象的 getXXX() 方法可以获得当前记录中某个字段的值。

ResultSet 接口的主要方法如表 10-5 所示。

表 10-5　ResultSet 接口的常用方法

方法	说明
next()	将指针移到当前记录的后一行
getInt()	以 int 形式获取当前行的指定列值。如果列值为 NULL，返回值为 0
getLong()	以 long 形式获取当前行的指定列值。如果列值为 NULL，返回值为 0

续表

方法	说明
getFoat()	以 float 形式获取当前行的指定列值。如果列值为 NULL，返回值为 0
getDouble()	以 double 形式获取当前行的指定列值。如果列值为 NULL，返回值为 0
getBoolean()	以 boolean 形式获取当前行的指定列值。如果列值为 NULL，返回值为 null
getDate()	以 date 形式获取当前行的指定列值。如果列值为 NULL，返回值为 null
getString()	以 String 形式获取当前行的指定列值。如果列值为 NULL，返回值为 null
getObject(int index, int sqlType)	以 Object 形式获取当前行的指定列值。如果列值为 NULL，返回值为 null

前面几个例子中已经使用过此接口，这里不再赘述。

10.3　处理异常

当使用 JDBC API 访问数据库，遇到服务器生成的错误时，就会创建 SQLException 类的异常对象。SQLException 类是 Exception 类的子类，它继承了 Exception 类的方法，并且具有独有的方法：

- getErrorCode()：返回数据库系统提供的错误编号。
- getSQLState()：返回数据库系统提供的错误状态。

使用 SQLException 类处理异常的代码段如下：

```
try{
    ...   //此处省略数据库连接代码
}
catch(SQLException e){
  System.out.println(e.getErrorCode());
  System.out.println(e.getSQLState());
  System.out.println(e.getMessage());
}
```

10.4　JDBC 应用程序综合实例

本节通过一个应用程序，使用图形用户界面实现对 MySQL 数据库中数据的查询、插入、修改和删除等操作。

10.4.1　实例描述

设计一个学生选课管理程序，学生登录成功后，可以浏览所要选择的课程，可以根据教师名或课程名查询相关课程、进行选课、查看所选课程、进行退课等操作。学生的信息保存在 xk 数据库的 student（见表 10-6）表中，课程信息保存在 course 表（见表 10-7）中，选课信息保存在 sc 表（见表 10-8）中。

表 10-6   student 表

字段名	数据类型	说明
stuNo	char(10)	学号
stuName	varchar(20)	姓名
stuPwd	varchar(20)	密码
stuDept	char(2)	学院
stuClass	varchar(10)	班级

表 10-7   course 表

字段名	数据类型	说明
curId	char(6)	课程编号
curName	varchar(30)	课程名称
teacher	varchar(20)	教师姓名
curDept	char(2)	开课部门
credits	float	学分

表 10-8   sc 表

字段名	数据类型	说明
stuNo	char(10)	学号
curId	char(6)	课程编号
grade	int	成绩

10.4.2   程序的图形用户界面

图 10-1 为学生选课系统登录界面，能够实现账号和密码的校验。

图 10-1   学生登录界面

图 10-2 为学生选课的界面，显示当前学生的姓名、学号、班级，"退出"按钮用于退出选课系统。该界面包括两个选项卡。"课程信息"和"已选课程"选项卡，"课程信息"选项卡可以查看能选择的课程信息，即按教师姓名或课程名称查询课程信息，可以选择一门或多门课程（不允许重复选课），"提交"按钮用于将学生选择的课程提交到数据库，"重置"按钮用于还原页面状态。

图 10-3 为"已选课程"选项卡，可以查看已选课程信息，也可以退课。

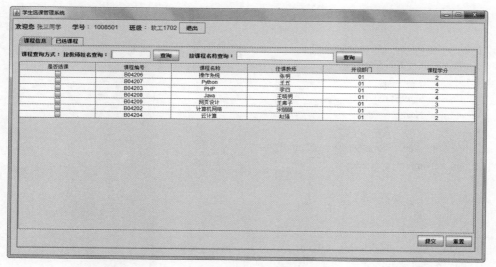

图 10-2　学生选课界面

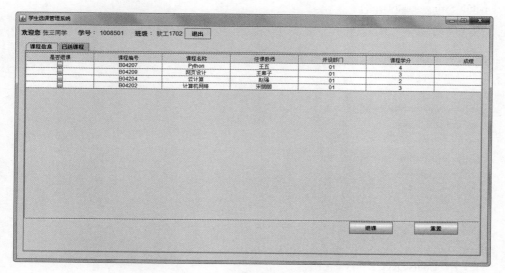

图 10-3　学生已选课程界面

10.4.3　程序设计

（1）使用面向对象的思想对学生信息、课程信息、选课信息进行处理

1）定义学生类，该类对学生信息进行处理。

```
/**
 * 程序名：Student.java
 * 功能：定义学生类
 */
package chapter10;
public class Student {
    private String stuNo;
    private String stuName;
    private String stuPwd;
    private String stuDept;
    private String stuClass;
    public String getStuNo() {
```

```java
            return stuNo;
        }
        public void setStuNo(String stuNo) {
            this.stuNo = stuNo;
        }
        public String getStuName() {
            return stuName;
        }
        public void setStuName(String stuName) {
            this.stuName = stuName;
        }
        public String getStuPwd() {
            return stuPwd;
        }
        public void setStuPwd(String stuPwd) {
            this.stuPwd = stuPwd;
        }
        public String getStuDept() {
            return stuDept;
        }
        public void setStuDept(String stuDept) {
            this.stuDept = stuDept;
        }
        public String getStuClass() {
            return stuClass;
        }
        public void setStuClass(String stuClass) {
            this.stuClass = stuClass;
        }
    }
```

2）定义课程类，该类对课程信息进行处理。

```java
/**
 * 程序名：Course.java
 * 功能：定义课程类
 */
package chapter10;
public class Course {
    private String curId;
    private String curName;
    private String teacher;
    private String curDept;
    private float credits;
    public String getCurId() {
        return curId;
    }
    public void setCurId(String curId) {
        this.curId = curId;
    }
    public String getCurName() {
        return curName;
    }
    public void setCurName(String curName) {
```

```java
        this.curName = curName;
    }
    public String getTeacher() {
        return teacher;
    }
    public void setTeacher(String teacher) {
        this.teacher = teacher;
    }
    public String getCurDept() {
        return curDept;
    }
    public void setCurDept(String curDept) {
        this.curDept = curDept;
    }
    public float getCredits() {
        return credits;
    }
    public void setCredits(float credits) {
        this.credits = credits;
    }
}
```

3）定义学生选课类，该类对学生所选的课程信息进行处理。

```java
/**
* 程序名：Sc.java
* 功能：定义学生选课类
*/
package chapter10;
public class Sc {
    private int score;
    public int getScore() {
        return score;
    }
    public void setScore(int score) {
        this.score = score;
    }
}
```

（2）定义对数据库操作的类。

该类在应用程序界面中可以实现学生信息、课程信息的查询、插入、删除等操作。

```java
/**
* 程序名：XKMethod.java
* 功能：定义选课方法类
*/
package chapter10;
import java.sql.*;
import java.util.*;
import javax.swing.*;
public class XKMethod {
    private static Connection conn = null;
    private static Statement stmt = null;
    private static ResultSet rs = null;
    //连接数据库
```

```java
public static Connection getConnection() {
    try {
        Class.forName("com.mysql.jdbc.Driver");
        String url = "jdbc:mysql://localhost:3306/xk?useUnicode=true&characterEncoding=utf-8";
        conn = DriverManager.getConnection(url, "root", "0000");
    } catch (Exception e) {
        e.printStackTrace();
    }
    return conn;
}

//登录界面和选课界面之间参数传递
public static int xsdl(int n, String tf, String pf) throws SQLException {
    getConnection();
    stmt = (Statement) conn.createStatement();
    String sql = "select * from student where stuNo=" + tf;
    rs = stmt.executeQuery(sql);
    if (rs.next()) {
        if (((rs.getString(1)).equals(tf)) && ((rs.getString(3)).equals(String.valueOf(pf)))) {
            n = 1;
            new CourseGUI("学生选课管理系统");
            showStu();
        } else
            n = 2;
    } else
        n = 3;
    conn.close();
    return n;
}

//显示学生信息
public static void showStu() {
    getConnection();
    Student stu = LoginGUI.getStudent();
    String sql1 = "select * from student where stuNo=" + stu.getStuNo();
    try {
        stmt = (Statement) conn.createStatement();
        rs = stmt.executeQuery(sql1);
        while (rs.next()) {
            CourseGUI.jlstu4.setText(rs.getString(2) + "同学");
            CourseGUI.jlstu5.setText(stu.getStuNo());
            CourseGUI.jlstu6.setText(rs.getString(5));
        }
    } catch (Exception e) {
        e.printStackTrace();
    }
}

//得到一个list集合，返回SQL语句查询结果
private static ArrayList<Vector> result(String sql) {
    getConnection();
    try {
        stmt = (Statement) conn.createStatement();
        rs = stmt.executeQuery(sql);
        ArrayList<Vector> list = new ArrayList<>();
```

```
            while (rs.next()) {
              Vector<Object> v = new Vector<>();
              v.add(false);    //加复选框
              //把数据库中的每一行数据存进Vector
              for (int i = 1; i < 6; i++) {
                v.add(rs.getString(i));
              }
              list.add(v);
            }
            return list;
          } catch (SQLException e) {
            e.printStackTrace();
          }
          return null;
      }


    //获取所有的课程信息，结果返回一个集合
    public static ArrayList<Vector> selectCourse() {
        String sql = "SELECT * FROM course;";
        return result(sql);
    }


    //按教师姓名查询课程信息
    public static ArrayList<Vector> selectCourse(String teacher) {
        String sql = "SELECT * FROM course where teacher LIKE '%" + teacher + "%'";
        return result(sql);
    }


    //按课程名查询课程信息，模糊查询
    public static ArrayList<Vector> selectCourseName(String curName) {
        String sql = "SELECT * FROM  course WHERE curName LIKE '%" + curName + "%'";
        return result(sql);
    }

    //学生查看自己所选的课程信息
    public static ArrayList<Vector> student(String stuNo) {
        String sql = "SELECT course.*,sc.grade FROM sc,course where sc.stuNo='" + stuNo
            + "' and  sc.curId=course.curId";
        getConnection();
        try {
          stmt = (Statement) conn.createStatement();
          rs = stmt.executeQuery(sql);
          ArrayList<Vector> list = new ArrayList<>();
          while (rs.next()) {
            Vector<Object> v = new Vector<>();
            v.add(false);    //加复选框
            //把数据库中的每一行数据存进Vector
            for (int i = 1; i < 7; i++) {
              v.add(rs.getString(i));
            }
            list.add(v);
          }
          return list;
        } catch (SQLException e) {
          e.printStackTrace();
```

```
    }
    return null;
}

//学生选课方法
public static void input(Object stuNo, Object curId, Object grade) throws SQLException {
    getConnection();
    String sql1 = "select *from sc where curId='" + curId + "' and stuNo='" + stuNo + "' ";
    stmt = (Statement) conn.createStatement();
    rs = stmt.executeQuery(sql1);
    //判断该门课程是否已被选择
    if (rs.next()) {
        JOptionPane.showMessageDialog(null, "编号为" + curId + "课程已选，不能再次选择");
    } else {
        String sql = "insert into sc (stuNo,curId,grade) values ('" + stuNo + "','" + curId + "',null )";
        int rs1 = stmt.executeUpdate(sql);
        if (rs1 == 1) {
            JOptionPane.showMessageDialog(null, "编号为" + curId + "的课选课成功");
        }
    }
}

//删除已选的课程
public static void delete(Object stuNO, Object curId) throws SQLException {
    getConnection();
    String sql = "delete from sc where curId='" + curId + "' and stuNo='" + stuNO + "'";
    int rs1;
    stmt = (Statement) conn.createStatement();
    int n = JOptionPane.showConfirmDialog(null, "确定要删除编号为" + curId + "的课程吗？ ",
    "确认对话框", 0);
    if (n == JOptionPane.NO_OPTION)
        ;
    else if (n == JOptionPane.YES_OPTION) {
        rs1 = stmt.executeUpdate(sql);
        if (rs1 != 1) {
            JOptionPane.showMessageDialog(null, "课程编号为" + curId + "的课删除失败");
        }
    }
}
}
```

（3）用户操作界面类。

1）登录界面。

```
/**
* 程序名：LoginGUI.java
* 功能：定义登录界面类
*/
package chapter10;
import java.awt.*;
import java.awt.event.*;
import javax.swing.*;
public class LoginGUI extends JFrame{
    private static JTextField txtNo=new JTextField(20);
    private JPasswordField txtPwd=new JPasswordField(20);
    private JButton loginBtn;
```

```java
private JButton resetBtn;
public LoginGUI(String title) {
  setTitle(title);
  JPanel jpa=new JPanel(){
    public void paintComponent(Graphics g) {
      super.paintComponent(g);
      ImageIcon ii = new ImageIcon("src/image/bg.png");
      g.drawImage(ii.getImage(), 0, 0, getWidth(), getHeight(), ii.getImageObserver());
    }
  };
  jpa.setLayout(null);
  loginBtn=new JButton(new ImageIcon("src/image/login.png"));
  resetBtn=new JButton(new ImageIcon("src/image/reset.png"));
  jpa.add(loginBtn);
  jpa.add(resetBtn);
  jpa.add(txtNo);
  jpa.add(txtPwd);
  setBounds(400,150,600,480);
  add(jpa);
  loginBtn.setContentAreaFilled(false);
  loginBtn.setBorder(null);
  resetBtn.setContentAreaFilled(false);
  resetBtn.setBorder(null);
  loginBtn.setBounds(90, 320, 200, 50);
  resetBtn.setBounds(290, 320, 200, 50);
  txtNo.setBounds(220, 175, 220, 30);
  txtPwd.setBounds(220, 230, 220, 30);
  setVisible(true);
  setDefaultCloseOperation(JFrame.EXIT_ON_CLOSE);
  setResizable(false);
  loginBtn.addActionListener(new ActionListener() {
    public void actionPerformed(ActionEvent e) {
      int n=0;
      String tf=txtNo.getText();    //获取输入框账号
      String pf=String.valueOf(txtPwd.getPassword());    //获取输入框密码
      //要求账号必须是7位
      if((tf.length())!=7) {
        JOptionPane.showMessageDialog(null, "请输入正确的账号");
      }
      else {
        try {
          n=XKMethod.xsdl(n,tf,pf);
        }
        catch (Exception e1) {
          e1.printStackTrace();
        }
        if(n==1)
          setVisible(false);
        else if(n==2) {
          JOptionPane.showMessageDialog(null, "密码错误");
        }
        else
          JOptionPane.showMessageDialog(null, "账号不存在");
      }
```

```
            }
        });
        resetBtn.addActionListener(new ActionListener() {
            public void actionPerformed(ActionEvent e) {
                txtNo.setText("");
                txtPwd.setText("");
            }
        });
    }
    public static Student getStudent() {
        Student stu=new Student();
        stu.setStuNo(txtNo.getText());
        return stu;
    }
    public static void main(String[] args) {
        new LoginGUI("学生选课管理系统");
    }
}
```

2）学生选课界面。

```
/**
* 程序名：CourseGUI.java
* 功能：定义选课窗口界面
*/
package chapter10;
import java.awt.*;
import java.awt.event.*;
import java.util.*;
import javax.swing.*;
import javax.swing.table.*;
public class CourseGUI extends JFrame{
    private static JLabel jlstu1=new JLabel("欢迎您");
    private static JLabel jlstu2=new JLabel("学号：");
    private static JLabel jlstu3=new JLabel("班级：");
    static JLabel jlstu4=new JLabel("");
    static JLabel jlstu5=new JLabel("");
    static JLabel jlstu6=new JLabel("");
    private Font f0=new Font("",Font.BOLD,14);
    private Font f=new Font("",Font.PLAIN,14);
    private JLabel jlchaxun=new JLabel("课程查询方式：");
    private JLabel jltea_name=new JLabel("按教师姓名查询：");
    private JLabel jlcur_name=new JLabel("按课程名称查询：");
    private JTextField jttea_name=new JTextField(8);
    private JTextField jtcur_name=new JTextField(20);
    private JButton btn_cha1=new JButton("查询");
    private JButton btn_cha2=new JButton("查询");
    private JPanel jpstu=new JPanel(new FlowLayout(0));
    private JPanel jpxxk=new JPanel();
    private JPanel jpsub=new JPanel(new BorderLayout());    //课程信息面板
    private JPanel jpyx=new JPanel();     //学生已选课程信息面板
    private JPanel jpsel=new JPanel(new FlowLayout(FlowLayout.LEFT));
    private JPanel jpsbm=new JPanel(new FlowLayout(FlowLayout.RIGHT));
    private JButton jbtijiao=new JButton("提交");
    private JButton jbchongzhi1=new JButton("重置");
```

```java
private JButton jbtuike=new JButton("退课");
private JButton jbchongzhi2=new JButton("重置");
private JButton jbExit=new JButton("退出");
private JTable table;
private JTable table2;
private static ArrayList<Vector> li;
private static ArrayList<Vector> li2;
private DefaultTableModel dtm;
private static DefaultTableModel dtm1;
Student stu=LoginGUI.getStudent();
JTabbedPane tab=new JTabbedPane();
public CourseGUI(String s) {
    setTitle(s);
    setBounds(280, 150, 1100, 600);
    jpstu.setBounds(0,0,1000,50);
    jpstu.add(jlstu1);
    jpstu.add(jlstu4);
    jpstu.add(jlstu2);
    jpstu.add(jlstu5);
    jpstu.add(jlstu3);
    jpstu.add(jlstu6);
    jpstu.add(jbExit);
    jlstu1.setFont(f0);
    jlstu2.setFont(f0);
    jlstu3.setFont(f0);
    jlstu4.setFont(f);
    jlstu5.setFont(f);
    jlstu6.setFont(f);
    jbExit.setContentAreaFilled(false);
    add(jpstu,BorderLayout.NORTH);
    jpxxk.setPreferredSize(new Dimension(1050,400));
    tab.addTab("课程信息",jpsub);
    tab.addTab("已选课程",jpyx);
    jpxxk.add(tab);
    this.add(jpxxk,BorderLayout.CENTER);
    //课程信息表
    String[] col={"是否选课","课程编号","课程名称","任课教师","开设部门","课程学分"};
    dtm=new DefaultTableModel();      //DefaultTableModel是一个表格模型类，继承并实现了
                                      //AbstractTableModel类的3个抽象方法
    dtm.setColumnIdentifiers(col);
    li=XKMethod.selectCourse();
    for(int i=0;i<li.size();i++){
        dtm.addRow(li.get(i));
    }
    table=new JTable(dtm);
    DefaultTableCellRenderer dt=new DefaultTableCellRenderer();
    dt.setHorizontalAlignment(JLabel.CENTER);    //设置表格中的内容居中
    table.setDefaultRenderer(Object.class, dt);
    //设置编辑器和渲染器
    TableColumn tc=table.getColumnModel().getColumn(0);
    tc.setCellEditor(table.getDefaultEditor(Boolean.class));
    tc.setCellRenderer(table.getDefaultRenderer(Boolean.class));
    JScrollPane sc=new JScrollPane(table);
    sc.setPreferredSize(new Dimension(1050,400));
```

```
//学生已选课信息表
String[] col1={"是否退课","课程编号","课程名称","任课教师","开设部门","课程学分","成绩"};
dtm1=new DefaultTableModel();                   //DefaultTableModel是一个实现类
dtm1.setColumnIdentifiers(col1);
li2=XKMethod.student(stu.getStuNo());       //学生查询个人选课信息
for(int i=0;i<li2.size();i++){
    dtm1.addRow(li2.get(i));
}
table2=new JTable(dtm1);
DefaultTableCellRenderer dt1=new DefaultTableCellRenderer();
dt1.setHorizontalAlignment(JLabel.CENTER);    //设置表格中内容居中
table2.setDefaultRenderer(Object.class, dt1);
//编辑器和渲染器
TableColumn tc1=table2.getColumnModel().getColumn(0);
tc1.setCellEditor(table2.getDefaultEditor(Boolean.class));
tc1.setCellRenderer(table2.getDefaultRenderer(Boolean.class));
JScrollPane sc1=new JScrollPane(table2);
sc1.setPreferredSize(new Dimension(1050,400));
jpyx.setLayout(null);
jpyx.add(sc1);
sc1.setBounds(0, 0, 1100, 400);
jpyx.add(jbtuike);
jbtuike.setBounds(750, 400, 100, 30);
jpyx.add(jbchongzhi2);
jbchongzhi2.setBounds(900, 400, 100, 30);
jpyx.setBounds(0, 50, 1000, 700);
jpsub.setBounds(0, 50, 1000, 800);
jpsel.add(jlchaxun);
jpsel.add(jltea_name);
jpsel.add(jttea_name);
jpsel.add(btn_cha1);
jpsel.add(jlcur_name);
jpsel.add(jtcur_name);
jpsel.add(btn_cha2);
jpsub.add(jpsel,BorderLayout.NORTH);
jpsub.add(sc,BorderLayout.CENTER);
jpsbm.setPreferredSize(new Dimension(1050,40));
jpsbm.add(jbtijiao);
jpsbm.add(jbchongzhi1);
jpsub.add(jpsbm,BorderLayout.SOUTH);
jpsub.setVisible(true);
add(jpxxk,BorderLayout.CENTER);
setVisible(true);
add(jpstu,BorderLayout.NORTH);
jbExit.addActionListener(new ActionListener() {
    public void actionPerformed(ActionEvent e) {
        setVisible(false);
        new LoginGUI("学生选课管理系统");
    }
});
jbtijiao.addActionListener(new ActionListener() {//提交
    public void actionPerformed(ActionEvent e) {
        for(int i=0;i<li.size();i++) {
            if((boolean) li.get(i).get(0)) {
```

```
          try {
              XKMethod.input(stu.getStuNo(),li.get(i).get(1),li.get(i).get(5));
          } catch (Exception e1) {
              e1.printStackTrace();
          }
        }
      }
      chongzhiK();          //课程信息界面更新，清空已选课程的复选框
      chongzhiX();          //学生个人已选课程信息界面更新
    }
  });
  //重置
  jbchongzhi1.addActionListener(new ActionListener() {
    public void actionPerformed(ActionEvent arg0) {
      chongzhiK();    //课程信息界面更新
      jttea_name.setText("");
      jtcur_name.setText("");
    }
  });
  //按教师名查询
  btn_cha1.addActionListener(new ActionListener() {
    public void actionPerformed(ActionEvent arg0) {
      for(int i=0;i<li.size();i++){
        dtm.removeRow(0);
      }
      li=XKMethod.selectCourse(jttea_name.getText());
      for(int i=0;i<li.size();i++){
        dtm.addRow(li.get(i));
      }
    }
  });
  //按课程名查询
  btn_cha2.addActionListener(new ActionListener() {
    public void actionPerformed(ActionEvent arg0) {
      for(int i=0;i<li.size();i++){
        dtm.removeRow(0);
      }
      li=XKMethod.selectCourseName(jtcur_name.getText());
      for(int i=0;i<li.size();i++){
        dtm.addRow(li.get(i));
      }
    }
  });
  //退课
  jbtuike.addActionListener(new ActionListener() {
    public void actionPerformed(ActionEvent arg0) {
      for(int i=li2.size()-1;i>=0;i--) {
        if((boolean) li2.get(i).get(0)) {
          try {
            XKMethod.delete(stu.getStuNo(),li2.get(i).get(1));
          } catch (Exception e) {
            e.printStackTrace();
          }
        }
```

```
            }
            chongzhiX();    //学生选课界面更新
        }
    });
    //退课重置
    jbchongzhi2.addActionListener(new ActionListener() {
        public void actionPerformed(ActionEvent arg0) {
            chongzhiX();    //学生选课界面更新
        }
    });
}
//课程信息界面更新
public void chongzhiK() {
    for(int i=0;i<li.size();i++) {
        dtm.removeRow(0);
    }
    li=XKMethod.selectCourse();
    for(int i=0;i<li.size();i++){
        dtm.addRow(li.get(i));
    }
}
//学生个人选课界面更新
public void chongzhiX() {
    for(int i=0;i<li2.size();i++) {
        dtm1.removeRow(0);
    }
    li2=XKMethod.student(stu.getStuNo());
    for(int i=0;i<li2.size();i++) {
        dtm1.addRow(li2.get(i));
    }
}
}
```

本章小结

通过本章的学习，读者应该掌握使用 JDBC 进行数据库编程的步骤，并能编程实现访问 MySQL 数据库。

本章介绍了 Java 访问数据库过程中用到的接口、类，以及它们的常用方法，并且使用一个综合实例介绍了 Java 访问 MySQL 数据库，实现操纵数据的过程。程序的源代码读者可以在资源库中下载学习。

现在用图 10-4 来表示 JDBC 访问数据库的过程。

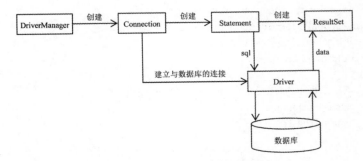

图 10-4　JDBC 访问数据库的过程

练习 10

一、简答题

1．使用 JDBC 访问数据库的步骤有哪几步？

2．简要说明 java.sql 包中提供了哪些主要接口，各有什么功能？

3．举例说明如何使用 PreparedStatement 接口向一个表中插入多行记录。

二、程序题

阅读下面的程序，根据提示填空。

```
import _____;    //引入sql包

public class TestQuery
{
  public static void main(String[] args){
    try
    { //加载JDBC驱动程序
      Class.forName(_____);
      //对数据库xk进行连接
      Connection  con = DriverManager.getConnection(_____);
      //实例化Statement类对象
      Statement stmt=con. _____;
      //执行查询语句
      ResultSet rs= stmt. _____ ("select * from student");
      //处理结果集
      while(rs. _____){ //显示结果集中的前3列
        System.out.println(rs.getString(1));
        System.out.println(rs.getString(2));
        System.out.println(rs.getString(3));
      }
      //关闭
      _____.close();
      _____.close();
      _____.close();
    }
    catch (SQLException e)
    {
      System.out.println("SQLException:" + e.getMessage());
    }
  }
}
```

参考文献

[1] Bruce Eckel. Java 编程思想 [M]. 4 版. 陈吴鹏译. 北京：机械工业出版社，2007.

[2] 李刚. 疯狂 Java 讲义 [M]. 北京：电子工业出版社，2018.

[3] 任泰明. Java 语言程序设计案例教程 [M]. 西安：西安电子科技大学出版社，2008.

[4] 耿祥义，张跃平. Java 程序设计精编教程 [M]. 3 版. 北京：清华大学出版社，2017.

[5] 明日科技. Java 从入门到精通 [M]. 4 版. 北京：清华大学出版社，2016.

[6] 普运伟. Java 程序设计（微课版）[M]. 北京：人民邮电出版社，2018.

[7] 李芝兴，杨瑞龙. Java 程序设计之网络编程 [M]. 2 版. 北京：清华大学出版社，2009.

[8] 王建虹. Java 程序设计 [M]. 北京：高等教育出版社，2009.

[9] 周志明. 深入理解 Java 虚拟机 [M]. 北京：机械工业出版社，2018.

[10] 王国辉，李钟尉，王毅，等. Java 程序设计自学手册 [M]. 北京：人民邮电出版社，2008.

[11] 褚尚军，王亮. 轻松学 Java[M]. 北京：电子工业出版社，2013.

[12] 姚远，苏莹. Java 程序设计 [M]. 北京：机械工业出版社，2017.

[13] 刘丽华，等. Java 程序设计 [M]. 长春：吉林大学出版社，2014.

[14] 北京尚学堂科技有限公司. 实战 Java 程序设计 [M]. 北京：清华大学出版社，2018.